Practical Trigonometry & Geometry

This Book is based on actual drawings and visual breakdown of calculations.

There are many ways to establish the final dimensions and actual details.

Dimensions have been rounded off where applicable

Practical Trigonometry & Geometry

John Orange

Editing, design, typesetting and publishing by UK Book Publishing.

www.ukbookpublishing.com

ISBN: 978-1-917329-45-3

Contents

Understanding Formulas and Geometry

Test Questions

Answers to the Test Questions

Contents

Author's Note

I have worked in the Civil Engineering & Construction Industry for 50 years.

It has been an incredible journey and experience working with people of all nationalities and gender, from the shop floor in my early years and eventually with people in high-profile jobs.

In my career I have had the opportunity to work on both sides of the fence, eventually ending up in management, working with large consortiums to small well-established companies, which has given me the incentive to achieve my ambitions in life by learning from others and studying hard, I am just a normal guy who decided to write this book of Practical Trigonometry & Geometry, and was inspired by others along the way.

There are now more opportunities for the young and older generations to achieve their ambitions whatever the subject is. There are many outlets today where you can teach yourself, Open University, Tutor training, College, and University. It will be your time and and determination which will give you your qualifications and position in life.

This book is about understanding the formulas and Geometry. Many years ago, the Greeks, Chinese, and English led the way in working out formulas, there were no computers or calculators and look at today and see some of the greatest outstanding people in the world of technology and the legacy left behind by others. There are of course the many wonders of the world which remain today, what an achievement they have left our Universe.

I am old-fashioned in my ways and you need to understand the logic of how you get to the answers of the equation whatever the subject, and don't just rely on computers or machinery which will give you an instant answer. Like any device, it's as good as the information you feed into it. Once you understand how it works you can use a computer program or calculator but you then have the knowledge to check the answers by other means or even test your theories.

Many thanks to the publisher for their support and guidance.

Many thanks to my wife for being loyal and understanding and so caring throughout the transition period.

The development and construction of our world from the beginning of time to the present day and our achievements are there to be seen.

Design, Aerospace, Construction, Computers, Medicine, Ships, Aeroplanes, Mechanical Engineering, Electrical Engineering, Civil Engineering, GPS Systems, and many more items.

We are leading the way forward from the start of time to the present and future.

There are many types of mathematical theories and formulas, Algebra, Physics, Trigonometry, applied mathematics and many more factors, and it's understood how technology has created our world.

Mathematics is one of the most fascinating and enjoyable subjects you can ever learn in life and also use to achieve great success in the development of our world.

Author; JO

Maths symbols

+	addition sign, plus sign	°	degree
−	subtraction sign, minus sign	⊥	perpendicular
× or •	multiplication sign	‖	parallel
÷ or /	division sign	~	is similar to (tilde)
=	equal	∪	union
≠	not equal	∩	intersection
<	less than	∅	null or empty set
>	greater than	∈	is a member of
#	Number sign	⊂	is a subset of
()	parentheses	∃	there exists (existential quantifier)
&	and (ampersand)	∀	for all (universal quantifier)
%	percent	f(x)	a function whose variable is x
π	pi	∴	therefore
|x|	absolute value of x	Σ	sum
√	square root	…	ellipsis (and so on)
!	factorial	∞	infinity
±	plus, or minus		
^	caret − to the power of		
∠	angle		

UNDERSTANDING FORMULAS AND GEOMETRY

Types of Triangles

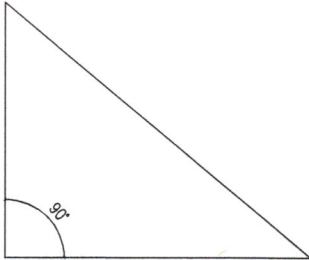

90 deg Triangle

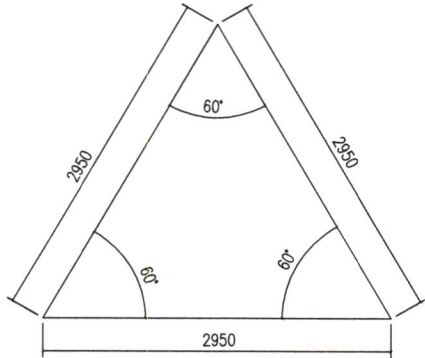

Equilateral Triangle

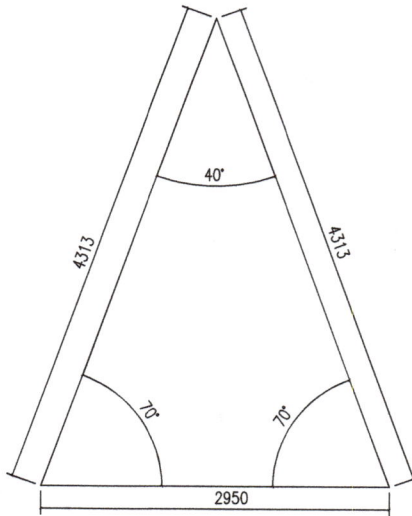

Isosceles Triangle

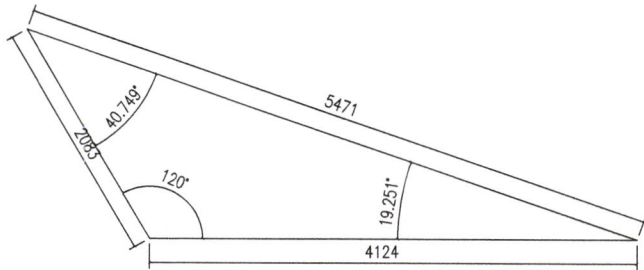

Obtuse Triangle

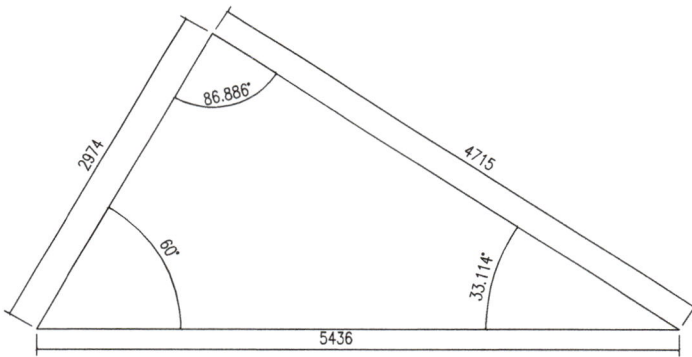

Scalene Triangle

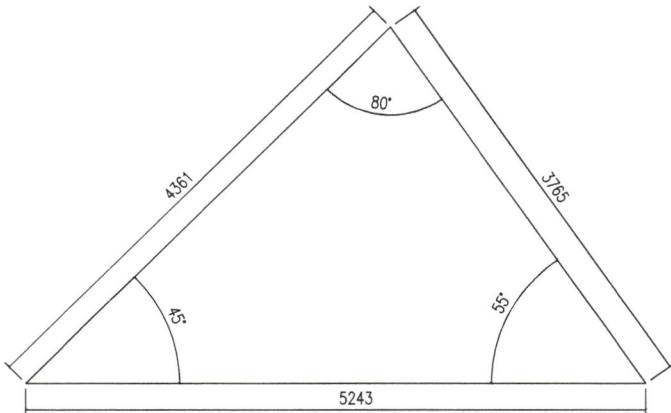

Acute triangle

7

Multiple Triangles

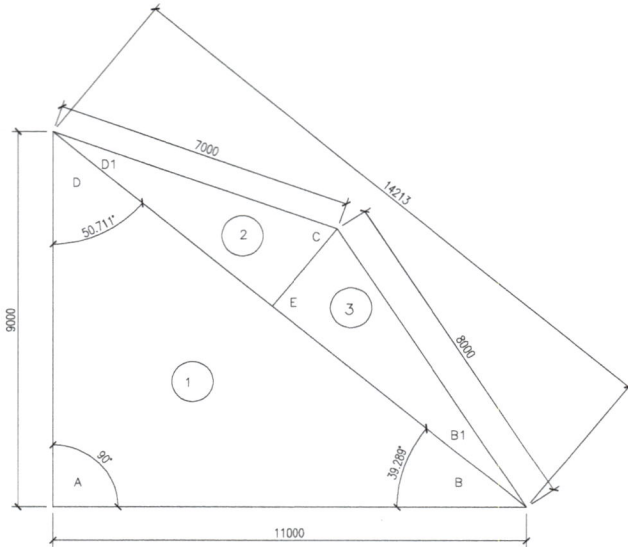

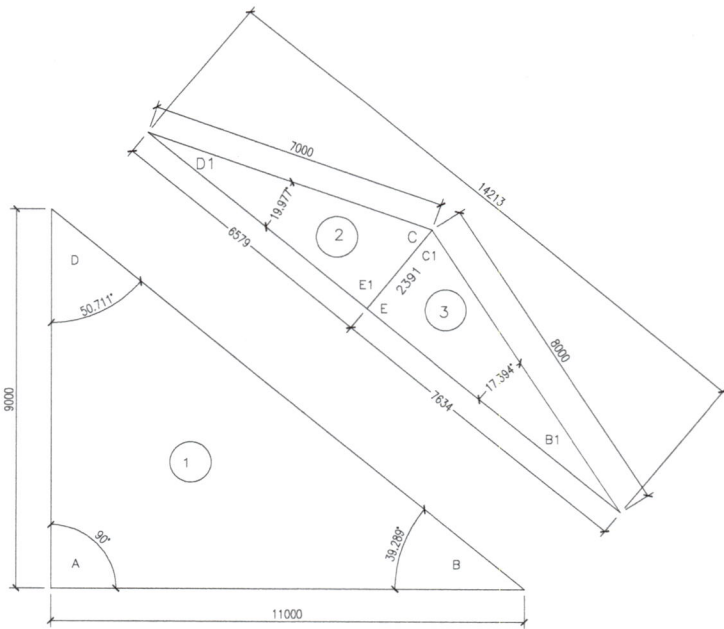

Multiple Triangles

(1) How to calculate Hypotenuse D to B

$$(1)\ 9^2 + 11^2 = (81 + 121) = \sqrt{202} = \textbf{14.213}$$

(1) How to calculate angle D, using cosines

$$\frac{14.213^2 + 9^2 - 11^2}{2 \times 14.213 \times 9}$$

$$\frac{162.009}{255.834}$$

$= .633258$ invert cosine = **Decimal 50.709° Degrees Minutes Seconds = 50-42-32°**

Area

$9 \times 11 = 99. \div 2 =$ **49.5 square metres, Perimeter 34.213**

How to calculate angle B, using cosines

$$\frac{14.213^2 + 11^2 - 9^2}{2 \times 14.213 \times 11}$$

$$\frac{242.009}{312.686}$$

$= 774$ invert cosines = **Decimal 39.289° Degrees Minutes Seconds = 39-17-17°**

Angles D & B = **90-00-00°**

(2) How to calculate angle D1 using cosine

$$\frac{14.213^2 + 7^2 - 8^2}{2 \times 14.213 \times 7}$$

$$\frac{187.009}{198.982}$$

= .940 invert cosine = **Decimal 19.977° Degrees Minutes Seconds 19-58-36°**

(3) How to calculate angle B1 using cosine

$$\frac{14.213^2 + 8^2 - 7^2}{2 \times 14.213 \times 8}$$

$$\frac{217.009}{227.408}$$

= 954 invert cosines = **Decimal 17.394° Degrees Minutes Second 17-23-37°**

(2 & 3) Add D1 to B1

19.977 + 17.394 = **Decimal 37.371° Degrees Minutes Seconds 37-22-15°**

180° Degrees − Decimal 37.371° Degrees Minutes Seconds 37-22-15° **which** = **angle C Decimal 142.629° Degrees Minutes Seconds 142-37-44°**

Multiple Triangles

(2 & 3) How to calculate Height of C & E

Angle D = Decimal 19.977° degrees minutes Seconds 19-58-37°

Sine 19.977° =.342 × 7 = **2.392 High**

(1 & 2) How to calculate length D1 to E using cosine

90 degrees − Decimal 19.977° Degrees Minutes Seconds 19-58-37° = **70.023° Degrees Minutes Seconds 70-1-22°**

$(7^2 + 2.391^2) − 2 × 7 × 2.391 × (\text{cosine } 70.023°)$

$(49 + 5.716881) −33.474 × (\text{cosine } 70.023°)$

$(54.717) −11.437 = \sqrt{43.281} =$ **D to E 6.579**

Area

$6.579 × 2.392 = 15.737 ÷ 2 =$ **7.868 square metres, Perimeter 15.971**

(1 &3) How to calculate length E to B1 using cosine

90° degrees − Decimal 17.394° degrees Minutes Seconds 17-23-38° = 17.606°

= **Decimal 72.606° Degrees Minutes Seconds 72-36-21.6°**

$(8^2 + 2.391^2) − 2 × 8 × 2.391 × (\text{cosine } 72.606°)$

$(64 + 5.717) − 38.272 × (\text{cosine } 0.299°)$

$(69.717) − 11.441 = \sqrt{58.276} =$ **E to B1 = 7.635**

Area

$7.635 \times 2.392 \div 2 =$ **9.131 square metres. Perimeter 18.026**

Multiple Triangles

(2) Total Length D1 to E $= 6.578 +$ E1 to C $= 2.392 =$
Hypotenuse 7.000

(3) Total Length E to B1 $= 7.634 +$ E to C1 $= 2.392 =$
Hypotenuse 8.000

Triangle 1, ABC Area

$9 \times 11. = 202.000 \div 2 = 49.5^2$

Triangle 2, D1, C, E

$6.579 \times 2.391 = 15.730 \div 2 = 7.865^2$

Total Area **66.491²**

Triangle 3, B1, C1, E

$7.634 \times 2.391 = 18.253 \div 2 = 9.126^2$

Calculated Distance from Measured Points and Angles of unknown points

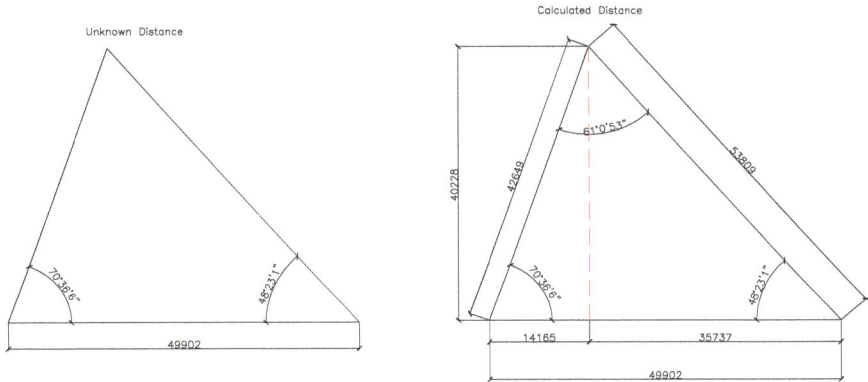

2 Angles 1 Length calculate distance of unknown point

Length = 49.902

2 Known Angles = 70-36-6° & 48-23-0°

Unknown angle = 180-00-00° − 70-36-6° − 48-23-0° = **61-00-54°**

$$\therefore \frac{49.902 \times \sin 70\text{-}36\text{-}6°}{\sin 61\text{-}00\text{-}54°} = \textbf{53.809}$$

$$\therefore \frac{49.902 \times \sin 48\text{-}23\text{-}00°}{\sin 61\text{-}00\text{-}54°} = \textbf{42.649}$$

Sin 70-36-6° = 0.943 × 42.649 = vertical line = **40.228**
Cos 70-36-6° = 0.332 × 42.649 = **14.165**

Sin 48-23-0° = 0.748 × 53.809 = Vertical line = **40.228**
Cos 48-23-0° = 0.664 × 53.809 = **35.737**

14.165 + 35.737 = **49.902**

Area 40.228 × 14.165 = 569.82962 ÷ 2 = **284.915²**

Area $40.228 \times 35.737 = 1437.628036 \div 2 =$ **718.814²**

Total Area $= 284.915² + 718.814² =$ **1003.729 square metres, Perimeter 146.360**

Calculate Centre Point from external Measurements and Angles

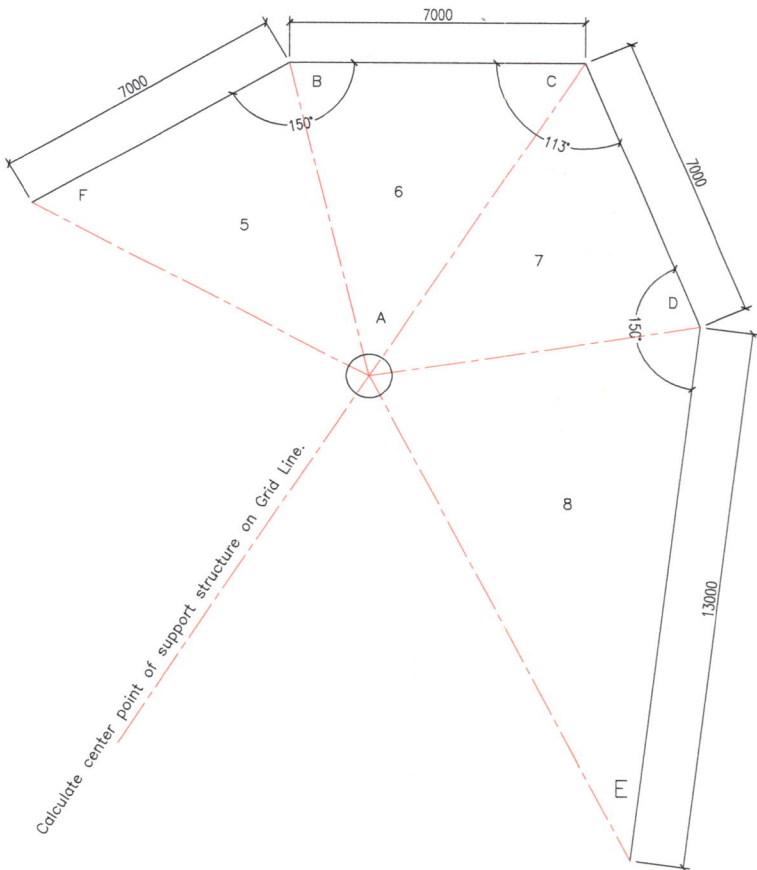

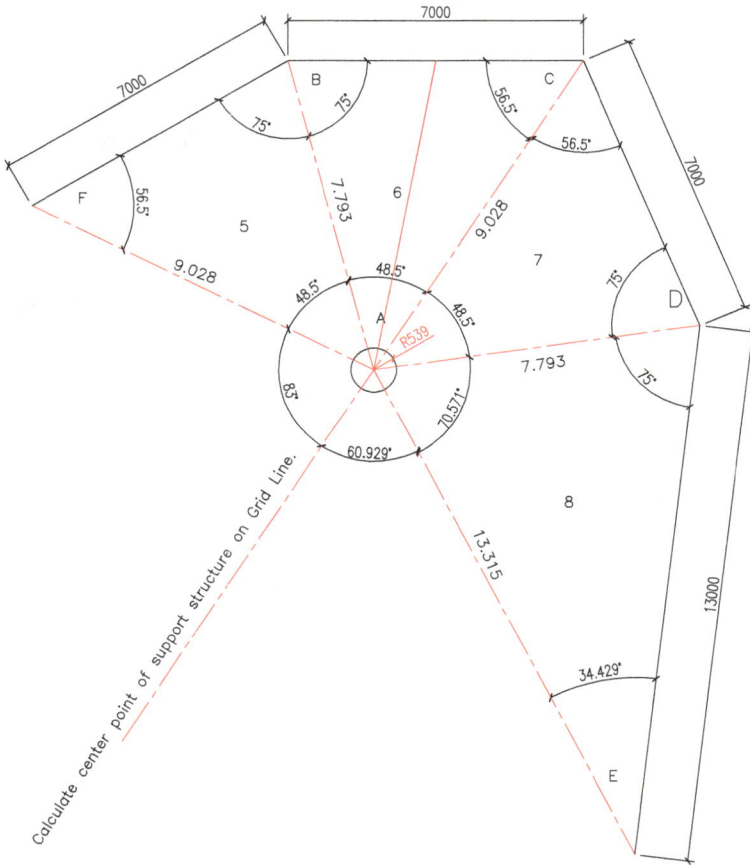

How to calculate angles at central axis

(5) ABF 180° degrees − 75° degrees − 56.5° degrees =
48.5° degrees

(6) ABC 180° degrees − 75° degrees − 56.5° degrees =
48.5° degrees

(7) ACD 180° degrees − 75° degrees − 56.5° degrees = **48.5° degrees**

(8) ADE 180° degrees − 75° degrees − 70-34-16° degrees = **34-25-44° degrees**

Calculations to centre Axis from external line

(B & D) 150° degrees ÷ 2 = 75° degrees ∴
(75° degrees sine = .966 × 7 = 6.761)

48.5° degrees sine = .749 ∴ 6.761 ÷ .749 = **9.027**
(from A to F & A to C)

(F & C) 56.5° degrees sine = .834 × 7 = **5.837**

48.5° degrees sine = .749 ∴ (5.837 ÷ .749 = **7.793**
(from A to B & A to D)

(D) $(7.793^2 + 13^2) − 2 × 7.793 × 13 ×$ cosine 75° degrees

$(229.7300849) − 52.441 = \sqrt{177.289} =$ **13.315 A to E**

(8) E

$$\frac{13.315^2 + 7.793^2 - 13^2}{2 × 13.315 × 7.793}$$

$$\frac{69.020}{207.528} = .333$$ invert cosine = **70 degrees 34 minutes 26° seconds**

180° degrees − 70.574° − 75° = **34 degrees 25 minutes 34° seconds angle E**

16

Areas of the following Reference Numbers 5,6,7.8

(5) $7 + 9.028 + 7.793 = 23.821 \div 2 = 11.9105$

$\sqrt{11.9105(11.9105 - 7)(11.9105 - 9.028)(11.9105 - 7.793)}$

$11.9105 \times 4.9105 \times 2.8825 \times 4.1175$

$\sqrt{694.158} =$ **26.347 square metres Perimeter 23.821 square metres**

(6) $7.793 + 7. + 9.028 = 23.821 \div 2 = 11.9105$

$\sqrt{11.9105(11.9105 - 7.793)(11.9105 - 7.)(11.9105 - 9.028)}$

$11.9105 \times 4.1175 \times 4.9105 \times 2.8825$

$\sqrt{694.158478663} =$ **26.347 square metres. Perimeters 23.821**

(7) $9.028 + 7. + 7.793 = 23.821 \div 2 = 11.9105$

$\sqrt{11.9105(11.9105 - 9.028)(11.9105 - 7.)(11.9105 - 7.793)}$

$11.9105 \times 2.8825 \times 4.9105 \times 4.1175$

$\sqrt{694.158478663} =$ **26.347 square metres. Perimeters 23.821**

(8) $13. + 13.315 + 7.793 = 34.108 \div 2 = 17.054$

$\sqrt{17.054(17.054 - 13.)(17.054 - 13.315)(17.054 - 7.793)}$

$17.054 \times 4.054 \times 3.739 \times 9.261$

$\sqrt{2393.99562477} =$ **48.928 square metres. Perimeter 34.108**

Total Area

(5) 26.347

(6) 26.347   **127.969 Square metres of triangles,
Perimeter 56.343**

(7) 26.347

(8) 48.928

Calculate Centre Point from external Measurements and Angles (Example 2)

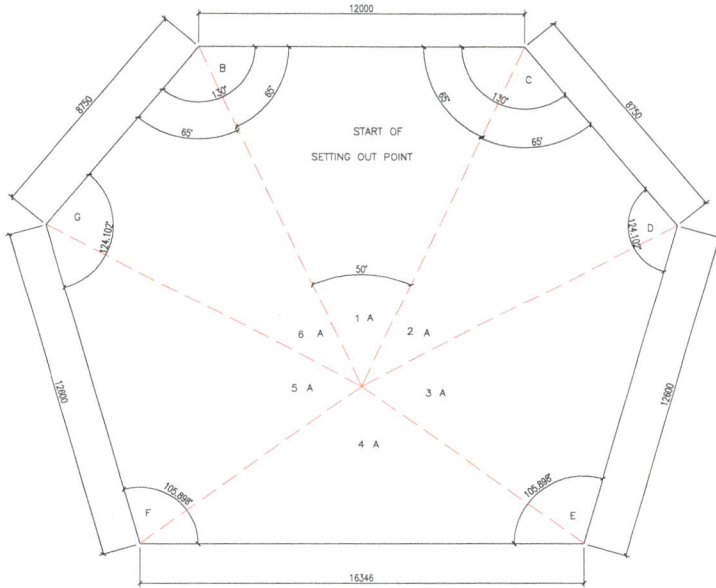

12000

B 130° 65°

C 65° 130°

8750

8750

65°

65°

START OF
SETTING OUT POINT

G 124.102°

D 124.102°

50°

1 A

6 A   2 A

5 A   3 A

4 A

12800

12800

105.898°

105.898°

F

E

16346

4 LEAF CLOVER

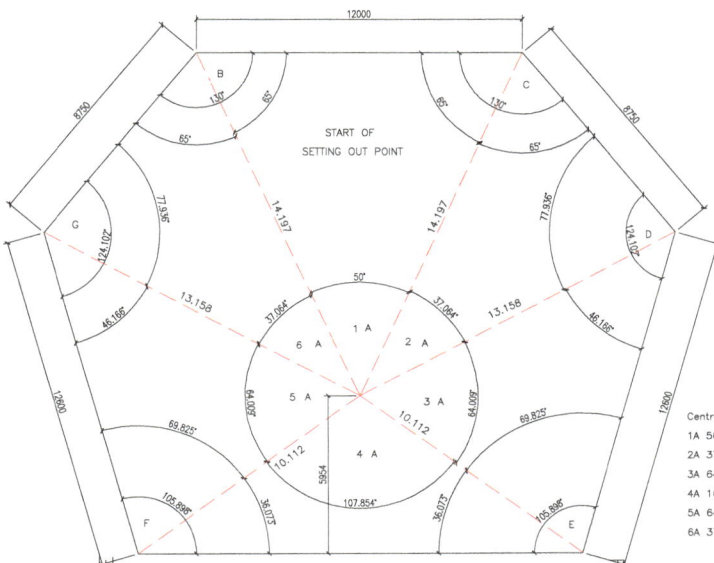

12000

B 130° 65°

C 65° 130°

8750

8750

65°

65°

START OF
SETTING OUT POINT

G 124.102°

D 124.102°

77.936

14.197

14.197

77.936

46.186°

46.186°

13.158

50°

13.158

37.064°

37.064°

64.009°

1 A

6 A   2 A

64.009°

69.825°

5 A   3 A

69.825°

12800

10.112

10.112

12800

36.075°

5954

36.075°

F 105.898°

4 A

107.854°

105.898° E

Central angles 1A to 6A

1A 50 deg
2A 37.064 Deg
3A 64.009 deg
4A 107.854 deg
5A 64.009 Deg
6A 37.064 Deg

19

How to calculate angles at central axis

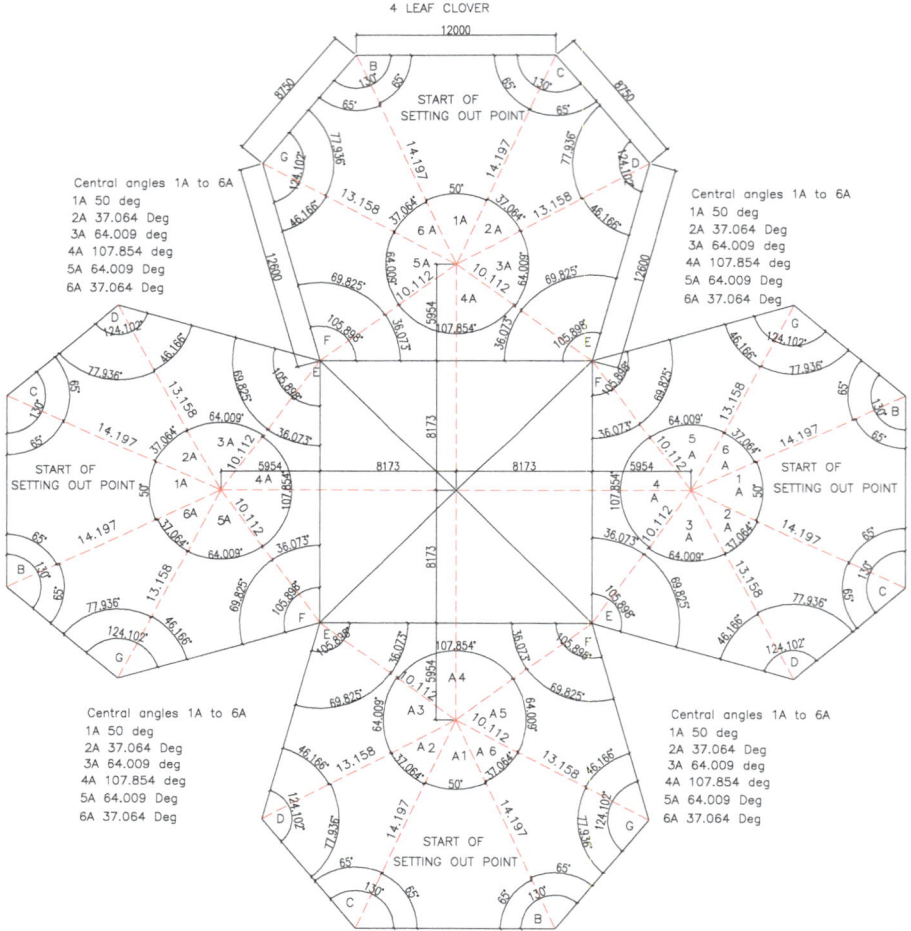

4 LEAF CLOVER

Central angles 1A to 6A
1A 50 deg
2A 37.064 Deg
3A 64.009 deg
4A 107.854 deg
5A 64.009 Deg
6A 37.064 Deg

How to calculate angles at central axis

(1) A, B, C 180° – 65° – 65° = **50**°

(2) A, C, D 180° – 65° – 77.936° = **37.064**°

(3) A, D, E 180° – 46.166° – 69.825 = **64.009**°

(4) A, E, F 180° – 36.073 – 36.073 = **107.854**°

(5) A, F, G 180° – 69.825° – 46.166° = **63.009**°

(6) A, G, B 180° – 77.936° – 65° = **37.064**°

Calculations to centre Axis from external line

(C) 130° ÷ 2 = 65° ∴ (sine 65° = .906 × 12.000 = 10.876)
sine 50° = .766 ∴ 10.876 ÷ .766 = **14.197** (from A to C)

(C) 130° ÷ 2 = 65° (sine 65° = .906 × 8.750 = 7.930)
Sine 37.064° = .603 ∴ 7.930 ÷ .603 = **13.158** (From A to D)

(G) sine 77.936° ∴ (sine 77.936° = .978 × 8.750 = 8.557)
Sine 37.064° = .603 ∴ 8.557 ÷ .603 = **14.197** (From A to B)

(D & G) sine 46.166° ∴ (sine 46.166° = .721 × 12.600 = 9.089)
Sine 64.009 = .899 ∴ 9.089 ÷ .899 = **10.112** (From A to E & A to F)

(F) sine 69.825° ∴ (sine 69.825° = .939 × 12.600 = 11.827)
Sine 64.009 = .899 ∴ 11.827 ÷ .899 = **13.158** (From A to E)

21

(D & G) $(14.197^2 + 8.750^2) - 2 \times 14.197 \times 8.750 \times \cos 65°$
$(278.117) - (104.998) = \sqrt{173.119} =$ **13.158**

(E & F) $(13.158^2 + 12.600^2) - 2 \times 13.158 \times 12.600 \times \cos 46.166°$
$(331.893) - (229.644) = \sqrt{102.249} =$ **10.112**

Angle Calculations

(1) $\dfrac{12.^2 + 14.197^2 - 14.197^2}{2 \times 12, \times 14.197}$ $= (144.000) \div (340.728) = 0.423$ in
$\cos =$ **65°**

$180° - 65° - 65° =$ **50°**

(2) $\dfrac{14.197^2 + 13.158^2 - 8.750^2}{2 \times 14.197 \times 13.158}$ $= (298.125) \div (373.608) = .798$ in
$\cos =$ **37.064°**

(2) $\dfrac{13,158^2 + 8.750^2 - 14.197^2}{2 \times 13.158 \times 8.750}$ $= (48.141) \div (230.265) = .209$ in
$\cos =$ **77.932°**

(2) $\dfrac{14.197^2 + 8.750^2 - 13.158^2}{2 \times 14.197 \times 8.750}$ $= (104.984) \div (248.448) = .423$ in
$\cos =$ **65°**

(3) $\dfrac{13.158^2 + 12.600^2 - 10.112^2}{2 \times 13.158 \times 12.600}$ $= (229.640) \div (331.582) = .693$ in
$\cos =$ **46.166°**

(3) $\dfrac{13.158^2 + 10.112^2 - 12.600^2}{2 \times 13.158 \times 10.112}$ $= (116.626) \div (266.107) = .438$ in
$\cos =$ **64.009°**

(3) $\dfrac{10.112^2 + 12.6^2 - 13.158^2}{2 \times 10.112 \times 12.6}$ = (87.880) ÷ (254.822) = .345 in

cos = **69.826°**

(4) $\dfrac{10.112^2 + 16.346^2 - 10.112^2}{2 \times 10.112 \times 16.346}$ = (267.192) ÷ (330.582) = .808 in

cos = **36.075°**

(4) $\dfrac{10.112^2 + 10.112^2 - 16.346^2}{2 \times 10.112 \times 10.112}$ = (−62.687) ÷ (204.505) = −0.307

in cos = **107.850°**

(5) $\dfrac{13.158^2 + 12.600^2 - 10.112^2}{2 \times 13.158 \times 12.600}$ = (229.640) ÷ (331.582) = .693 in

cos = **46.166°**

(5) $\dfrac{13.158^2 + 10.112^2 - 12.600^2}{2 \times 13.158 \times 10.112}$ = (116.626) ÷ (266.107) = .438 in

cos = **64.009°**

(5) $\dfrac{10.112^2 + 12.6^2 - 13.158^2}{2 \times 10.112 \times 12.6}$ = (87.880) ÷ (254.822) = .345 in

cos = **69.826°**

(6) $\dfrac{14.197^2 + 13.158^2 - 8.750^2}{2 \times 14.197 \times 13.158}$ = (298.125) ÷ (373.608) = .798 in

cos = **37.064°**

(6) $\dfrac{13,158^2 + 8.750^2 - 14.197^2}{2 \times 13.158 \times 8.750}$ = (48.141) ÷ (230.265) = .209 in

cos = **77.932°**

(6) $\dfrac{14.197^2 + 8.750^2 - 13.158^2}{2 \times 14.197 \times 8.750}$ = (104.984) ÷ (248.448) = .423 in

cos = **65°**

Centre Core Area Dimensions

$16.346 \div 2 = 8.173 \therefore 8.173 \times \text{Tan } 36.075° = \textbf{5.954}$

$5.954 \times 2 = 11.908 + 16.346 = \textbf{Overall 28.254}$

$16.346^2 + 16.346^2 = \sqrt{534.383} = \textbf{Diagonals 23.117}$

Calculate unknown Point of Triangle

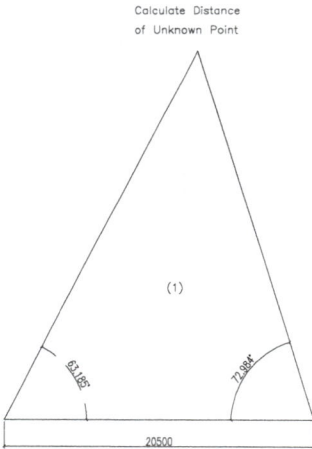

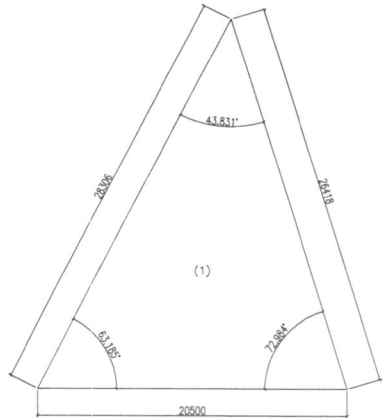

Calculate Distance
of Unknown Point

$180° - 63.185° - 72.984° = \textbf{43.831}°$

$$\frac{\text{Sine } 72.984° \times 20.500 = 19.60259}{\text{Sine } 43.831 ° = .0.692529} \quad = \textbf{28.306}$$

$$\frac{\text{Sine } 63.185° \times 20.500 = 18.295560}{\text{Sine } 43.831° = .0.692529} \quad = \textbf{26.418}$$

Area

$28.306 + 26.418 + 20.500 = 75.224 \div 2 = 37.612$

$\sqrt{37.612}(37.612 - 28.306)\ (37.612 - 26.418)\ (37.612 - 20.500)$

$37.612 \times 9.306 \times 11.194 \times 17.112$

$\sqrt{67046.413} =$ **258.933 square metres. Perimeter 75.224**

Calculate unknown Point of Triangle

Calculate Distance
of Unknown Point

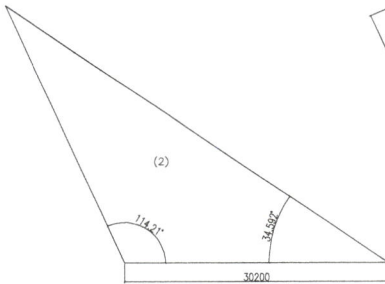

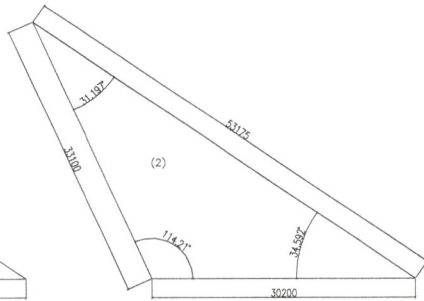

$180° - 114.21° - 34.592° =$ **31.198°**

$$\frac{\text{Sine } 114.21° \times 30.200 = 27.544}{\text{Sine } 31.198° = 0.518} \qquad = \textbf{53.174}$$

$$\frac{\text{Sine } 34.592° \times 30.200 = 17.145}{\text{Sine } 31.198° = 0.518} \qquad = \textbf{33.099}$$

Area

$30.200 + 53.174 + 33.099 = 116.473 \div 2 = 58.237$

$\sqrt{58.237(58.237 - 30.200)\,(58.237 - 53.174)\,(58.237 - 33.099)}$

$58.237 \times 28.037 \times 5.063 \times 25.138$

$\sqrt{207811.313} =$ **455.863 square metres. Perimeter 116.475**

Calculate unknown Point of Triangle

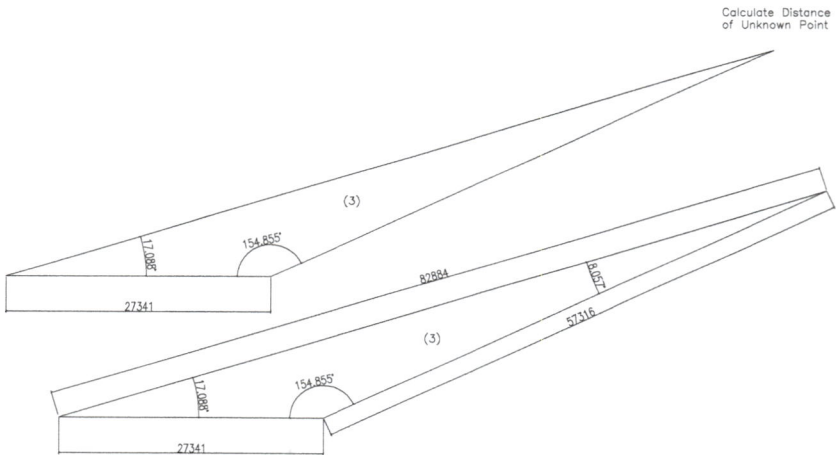

Calculate Distance
of Unknown Point

$180° - 154.855° - 17.088° =$ **8.057°**

$$\frac{\text{Sine } 154.855° \times 27.341 = 11.617}{\text{Sine } 8.057 = 0.140} \quad = \textbf{82.888}$$

$$\frac{\text{Sine } 17.088° \times 27.341 = 8.034}{\text{Sine } 8.057° = 0.140} \quad = \textbf{57.320}$$

26

Area

$27.341 + 57.320 + 82.888 = 167.549 \div 2 = 83.775$

$\sqrt{83.775}(83.775 - 27.341)(83.775 - 57.320)(83.775 - 82.888)$

$83.7705 \times 56.434 \times 26.455 \times .887$

$\sqrt{110939.615} = 333.076$ **square metres. Perimeter 167.541**

Calculate unknown Point of Triangle

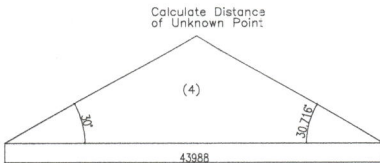

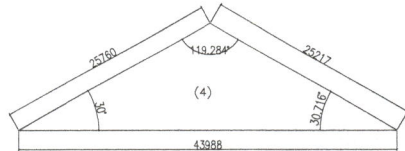

$180° - 30° - 30.716 = \mathbf{119.284°}$

$$\frac{\text{Sine } 30.716° \times 43.988 = 22.468}{\text{Sine } 119.284°} \qquad = \mathbf{25.760}$$

$$\frac{\text{Sine } 30° \times 43.988 = 21.994}{\text{Sine } 119.284} \qquad = \mathbf{25.217}$$

Area

$43.988 + 25.760 + 25.217 = 94.965 \div 2 = \mathbf{47.483}$

$47.483(47,483 - 43.988)(47.483 - 25.760)(47.483 - 25.217)$

$47.483 \times 3.495 \times 21.723 \times 22.266$

$\sqrt{80268.059} = \mathbf{283.316 \text{ square metres. Perimeter 94.965}}$

27

Pythagoras Theory

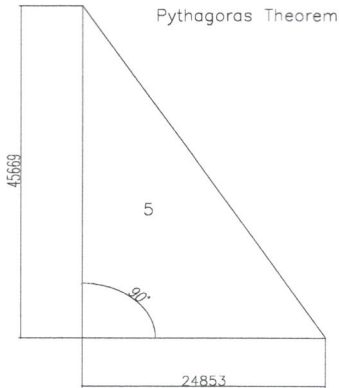

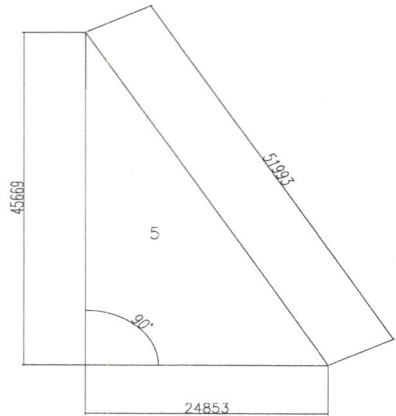

$45.669^2 + 24.853^2$

$2085.658 + 617.672 = \sqrt{2703.329} = $ **51.994**

Area

$45.669 \times 24.853 \div 2 = $ **567.506 square metres**

Pythagoras Theory

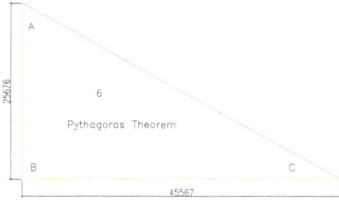

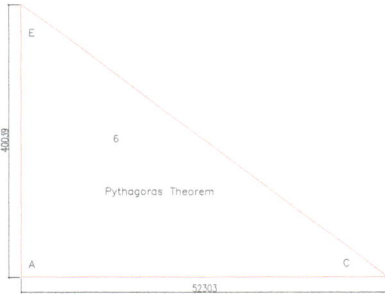

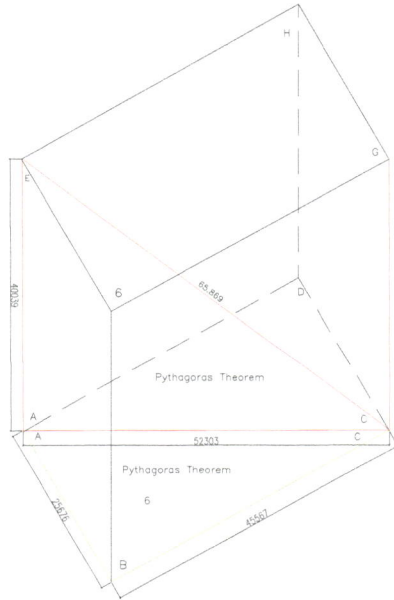

$25.676^2 + 45.567^2$

$659.257 + 2076.351 = \sqrt{2735.608} = $ **52.303**

$52.303^2 + 40.039^2$

$2735.604 + 1603.122 = \sqrt{4338.725} = $ **65.869**

Area

$25.676 + 45.567 \div 2 = $ **584.989**

$52.303 + 40.039 \div 2 = $ **584.989**

Total square metres 1169.978

Calculate unknown Point of Triangle

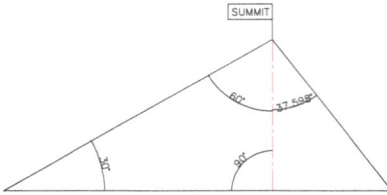

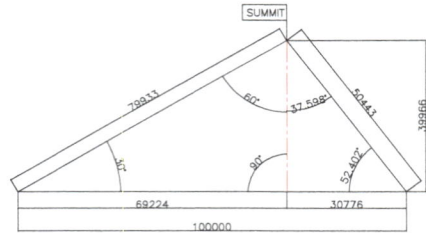

$$\frac{\text{Sine}30° \times 100.000}{\text{Sine } 97\text{-}35\text{-}53°} \qquad = \textbf{50.443}$$

$$\frac{\text{Sine } 52\text{-}24\text{-}7° \times 100}{\text{Sine } 97\text{-}35\text{-}53°} \qquad = \textbf{79.933}$$

$$\text{Sine } 30° \times 79.933 \qquad = \textbf{39.967}$$

$$\text{Cos } 30° \times 79.933 \qquad = \textbf{69.224}$$

$$\text{Sine } 52\text{-}24\text{-}7° \times 50.443 \quad = \textbf{39.966}$$

$$\text{Cos } 52\text{-}24\text{-}7° \times 50.443 \quad = \textbf{30.776}$$

Area

$$100.000 + 50.443 + 79.933 = 230.376 \div 2 = 115.188$$

$$115.188(115.188\text{-}100)\ (115.188\text{-}50.443)\ (115.188\text{-}79.933)$$

$$115.188 \times 15.188 \times 64.745 \times 35.255$$

$$\sqrt{3993326.134} = \textbf{1998.331 square metres. Perimeter 230.376}$$

Calculate unknown Point of Triangle

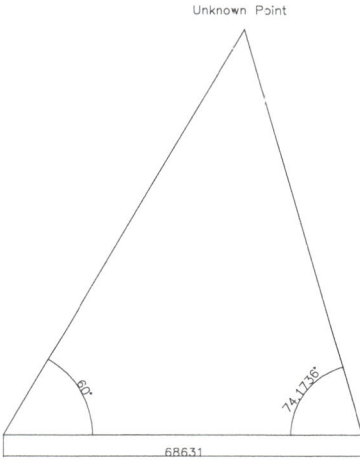

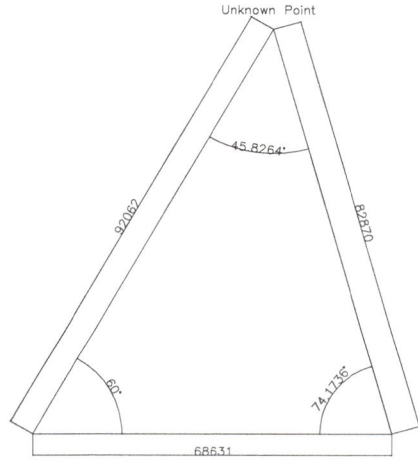

$$\frac{\text{Sine } 60° \times 68.631}{\text{Sine } 45\text{-}49\text{-}35°} = \textbf{82.869}$$

$$\frac{\text{Sine } 74\text{-}10\text{-}25° \times 68.631}{\text{Sine } 45\text{-}49\text{-}35°} = \textbf{92.061}$$

Area

$82.869 + 92.061 + 68.631 = 243.561 \div 2 = 121.7805$

$121.781(121.781\text{-}82.869)\ (121.781\text{-}92.061)\ (121.781\text{-}68.631)$

$121.7805 \times 38.912 \times 29.720 \times 53.150$

$\sqrt{7485371.857} = \textbf{2735.941 square metres Perimeter 243.561}$

Calculate unknown Point of Triangle

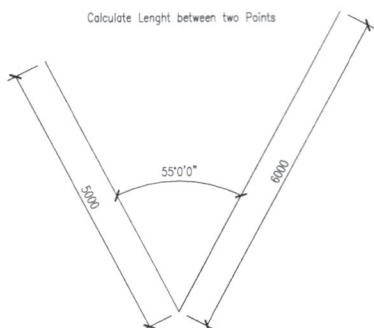

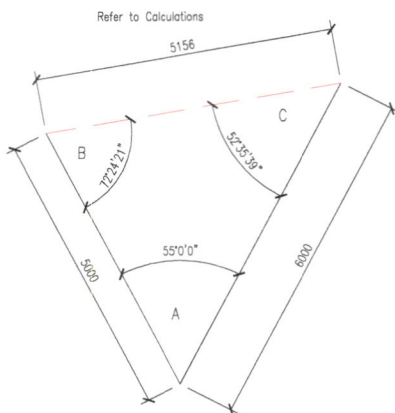

Calculate Lenght between two Points

55'0'0"

5000   6000

Refer to Calculations

5156

B   77'24'21"   C   57'35'39"

5000   55'0'0"   6000

A

Calculate unknown Point of Triangle

$(5^2 + 6^2) - (2 \times 6 \times 5 \times \cos 55°)$

$(25 + 36)\,(60 \times 0.574)$

$61 - 34.415$

$\sqrt{26.585} = $ **5.156**

Area

$5.000 + 6.000 + 5.156 = 16.156 \div 2 = 8.078$

$8.078(8.078 - 5.000)\,(8.078 - 6.000)\,(8.078 - 5.156)$

$8.078 \times 3.078 \times 2.078 \times 2.922$

$\sqrt{150.973} = $ **12.287 square metres. Perimeter 16.156**

Calculate unknown Point of Triangle

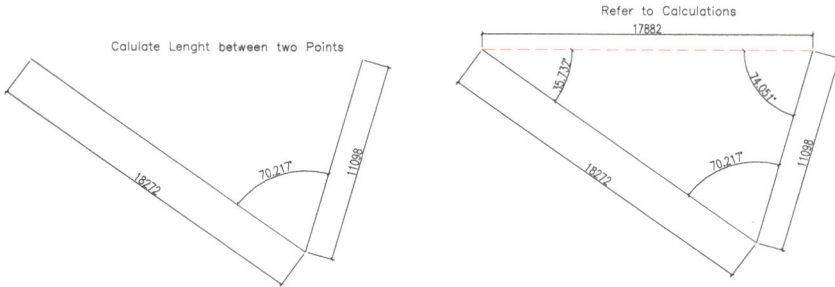

Calulate Lenght between two Points

Refer to Calculations
17882

Calculate unknown Point of Triangle

$(18.272^2 + 11.098^2) - (2 \times 18.272 \times 11.098 \times \cos 70\text{-}13\text{-}2°)$

$(333.866 + 123.166) - (405.565 \times 0.338)$

$(457.032 - 137.266)$

$\sqrt{319.766} = $ **17.882**

Angles

$$\frac{18.272^2 + 11.098^2 - 17.882^2}{2 \times 18.272 \times 11.098}$$

$$\frac{137.266}{405.565} = \text{in cos 70-13-2°}$$

$$\frac{18.272^2 + 17.882^2 - 11.098^2}{2 \times 18.272 \times 17.882}$$

$$\frac{530.466}{653.480} = \text{in cos 35-43-56°}$$

$$\frac{11.098^2 + 17.882^2 - 18.272^2}{2 \times 11.098 \times 17.882}$$

$$\frac{109.066}{396.909} = \text{in cos 74-3-2}°$$

Total 180°

Area

$11.098 + 17.882 + 18.272 = 47.252 \div 2 = 23.626$

$23.626 \, (23.626 - 11.098) \, (23.626 - 17.882) \, (23.626 - 18.272)$

$23.626 \quad \times \quad 12.528 \quad \times \quad 5.744 \quad \times \quad 5.354$

$\sqrt{9102.585} =$ **95.407 square metres. Perimeter 47.252**

Calculate unknown Point of Triangle

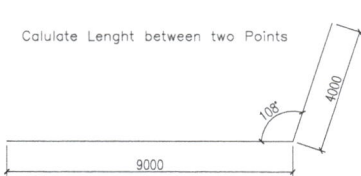

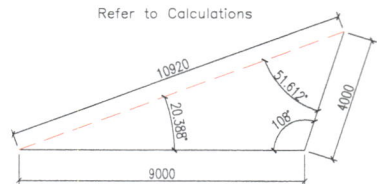

Calulate Lenght between two Points

Refer to Calculations

$$(9.000^2 + 4.000^2) - (2 \times 9.000 \times 4.000 \times \cos 108°)$$

$$(81 + 16) \quad - \quad (72 \times \text{-}0.309016)$$

$$(97) \quad - \quad (-22.249223595)$$

$$\sqrt{119.249223595} = \text{10.920}$$

Angles

$$\frac{9^2 + 4^2 - 10.920^2}{2 \times 9 \times 4}$$

$$\frac{-22.2464}{72} = \text{107-59-51}°$$

$$\frac{9^2 + 10.920^2 - 4^2}{2 \times 9 \times 10.920}$$

$$\frac{184.2464}{196.56} = \text{in cos 20-23-17}°$$

$$\frac{4^2 + 10.920^2 - 9^2}{2 \times 4 \times 10.920}$$

$$\frac{54.2464}{87.36} = \text{in cos 51-36-51}°$$

Total 179-59-59°

Area

$9 + 4 + 10.920 = 23.92 \div 2 = 11.960$

$11.96(11.96 - 9)(11.96 - 4)(11.96 - 10.920)$

$11.96 \times 2.960 \times 7.960 \times 1.040$

$\sqrt{293.069} =$ 17.119 square metres. Perimeter 23.92

Lean to Roof

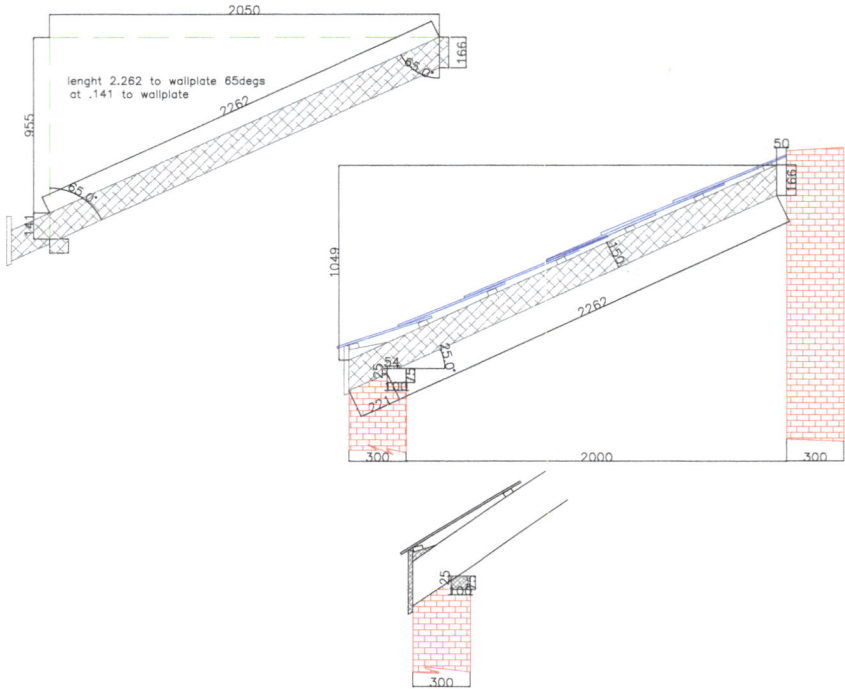

Timber Wall Plate .100 × .075. (.025 deep × .054 Birds Mouth)

$2.300 - .200$ **= 2.100 To Wall Plate Edge**

$2.100 - .050$ **= 2.050 To Continues Timber Support**

$\therefore 2.050 \times \text{Tan } 25° =$ **.956**

$\sqrt{2.050^2 + .956^2}$ **= 2.262 To Birds Mouth Cut**

$.300 - .100 = .200$ **∴.200 × tan 25° = .093**

$\sqrt{.093^2 \div .200^2}$ **= .221**

$.221 + 2.262$ **= 2.483**

$2.483 \times \text{Sine } 25°$ **= 1.049 High**

$2.483 \times \text{Cos } 25°$ **=2.250**

Roofing: All Dimensions from face of wall to centre of Ridge

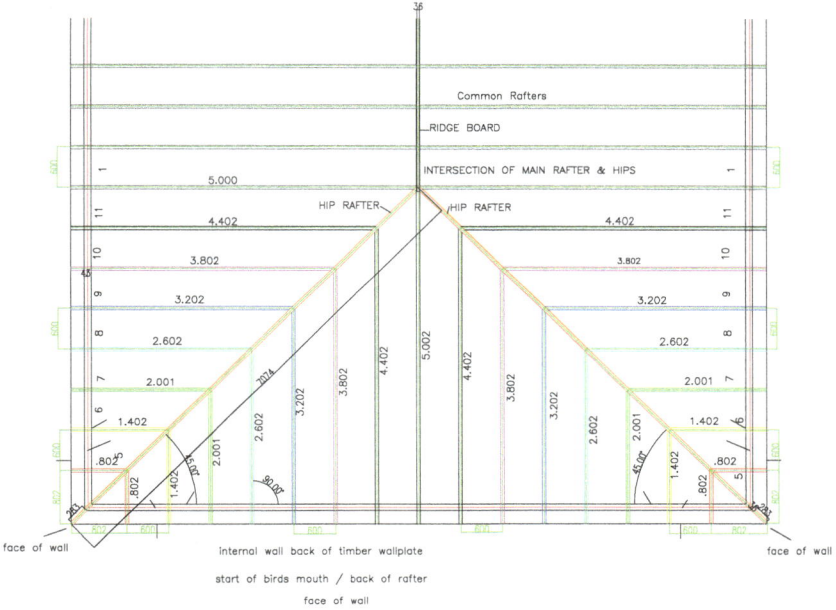

Common Rafters

RIDGE BOARD

INTERSECTION OF MAIN RAFTER & HIPS

HIP RAFTER   HIP RAFTER

5.000
4.402   4.402
3.802   3.802
3.202   3.202
2.602   2.602
2.001   2.001
1.402   1.402
.802   .802

4.402
5.002
5.002
4.402

face of wall   face of wall

internal wall back of timber wallplate

start of birds mouth / back of rafter

face of wall

37

Roofing: All Dimensions from face of wall to centre of Ridge

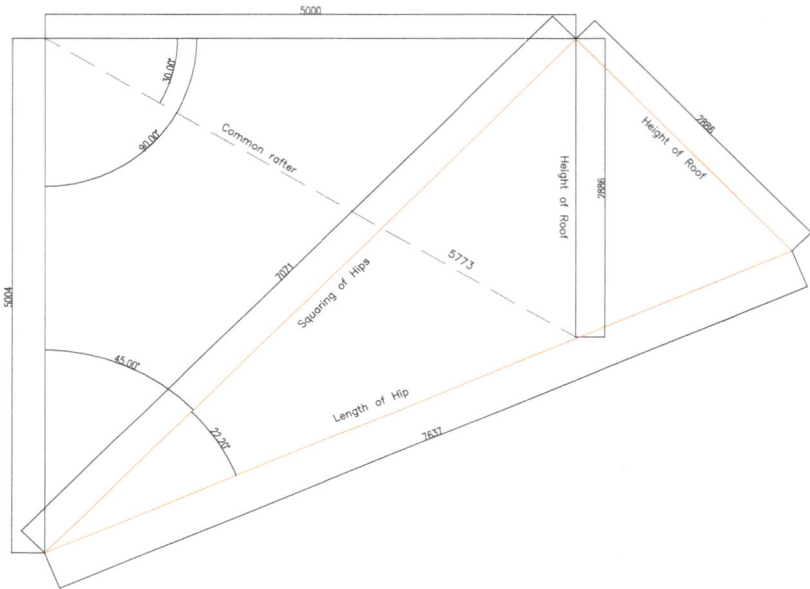

Main Rafter and Hip Set out details

$5^2 + 5^2$	$= 7.071$
$5 \times \text{Tan } 30°$	$= 2.887$
$7.071 \times \text{Tan } 22\text{ -}12\text{-}34°$	$= 2.887$
$2.887 \div 7.071$	$= 22\text{-}12\text{-}34°$
$\text{Sine } 22\text{-}12\text{-}34° \times 7.637$	$= 2.887$
$\text{Cos } 22\text{-}12\text{-}34° \times 7.637$	$= 7.071$

Roofing: All Dimensions from face of wall to centre of Ridge

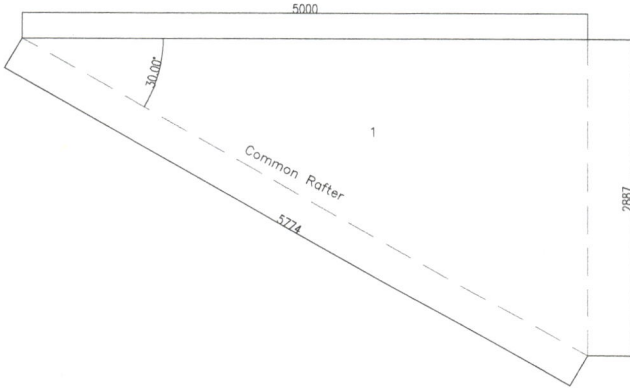

Common Rafter No 1.

$5.000 \times \text{Tan } 30° = 2.887$			$5 \div 60° \text{ sine} = 5.773$	
$5^2 + 2.886^2 = 5.773$			$5 \div 30° \text{ co sine} = 5.773$	

All Dimensions from face of wall to centre of Ridge

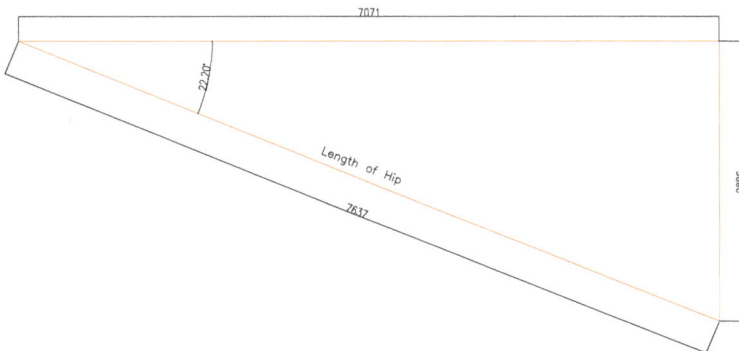

Roofing: All Dimensions from face of the wall to the centre of the Ridge

Hip Rafter

$5^2 + 5^2$ $\qquad$ $= 7.071$

$\sqrt{7.071^2 + 2.886^2}$ $\quad = 7.637$

$\sqrt{5^2 + 5^2 + 2.886^2}$ $\; = 7.637$

$2886 \div 7071$ $\qquad$ $=$ In Tan $22.20°$

$7.071 \times \tan 22.20°$ $\; = 2.886$

All Dimensions from face of wall to centre of Ridge

Roofing: All Dimensions from face of wall to centre of Ridge

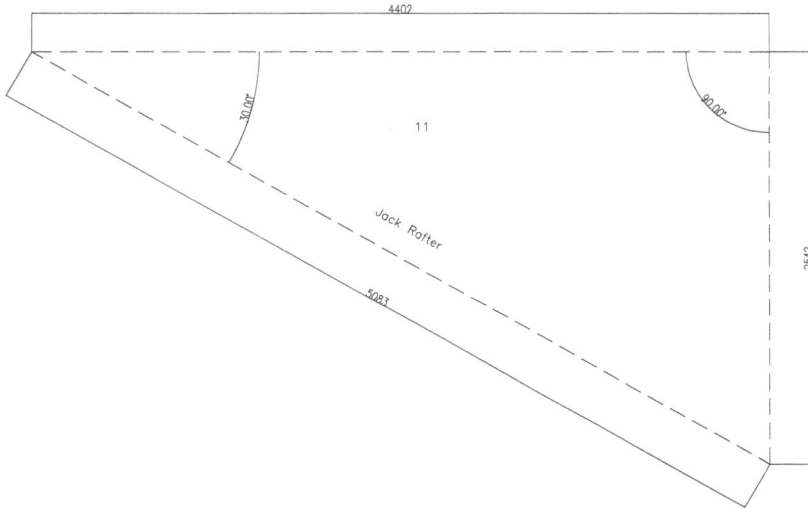

Jack Rafter No 11

$4.402 \times \tan 30°$	$= \mathbf{2.542}$ Height of Jack Rafter	
$4.402^2 + 2.542^2$	$= \mathbf{5083}$ Length of Jack Rafter	
$4.402^2 + 4.402^2 = \sqrt{38.755}$	$= \mathbf{6.225}$ Horizontal Length of Hip	
$6.225 \times \tan 22\text{-}12\text{-}00°$	$= \mathbf{2.541}$ Height of Hip	
$\therefore 6.225^2 + 2.541^2 = \sqrt{45.212} = \mathbf{6.724}$ Rise of the hip to meet Jack Rafter		
$6.724 \times \sin 22\text{-}12\text{-}00°$	$= \mathbf{2.541}$ Height of Hip	
$6.724 \times \cos 22\text{-}12\text{-}00°$	$= \mathbf{6.226}$ Horizontal Length of Hip	

Roofing: All Dimensions from face of wall to centre of Ridge

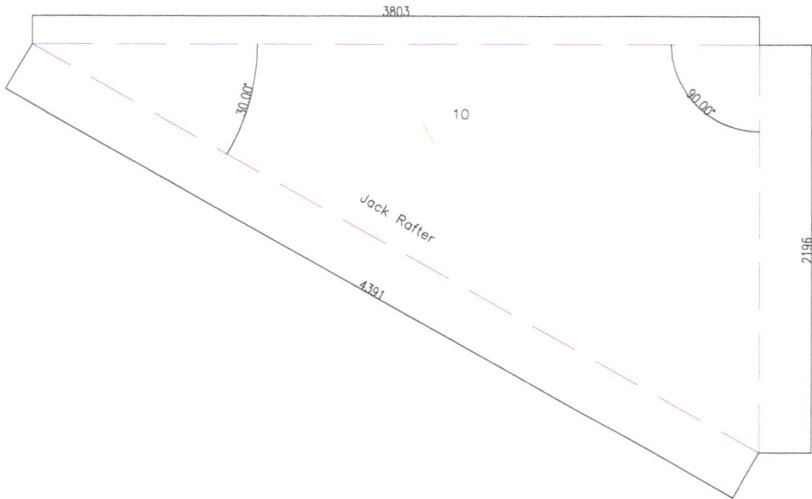

Jack Rafter No 10

$3.802 \times \text{Tan } 30°$ $= \mathbf{2.195}$ Height of Jack Rafter

$3.802^2 + 2.195^2$ $= \mathbf{4.390}$ Length of Jack Rafter

$3.803^2 + 3.803^2 = \sqrt{28.926}$ $= \mathbf{5.378}$ Horizontal Length of Hip

$5.378 \times \text{tan } 22\text{-}12\text{-}00°$ $= \mathbf{2.195}$ Height of Hip

$\therefore 5.378^2 + 2.195^2 = \sqrt{33.741}$ $= \mathbf{5.809}$ Rise of the hip to meet Jack Rafter

$5.809 \times \text{sine } 22\text{-}12\text{-}00°$ $= \mathbf{2.195}$ Height of Hip

$5.809 \times \text{cos } 22\text{-}12\text{-}00°$ $= \mathbf{5.378}$ Horizontal Length of Hip

Roofing: All Dimensions from face of wall to centre of Ridge

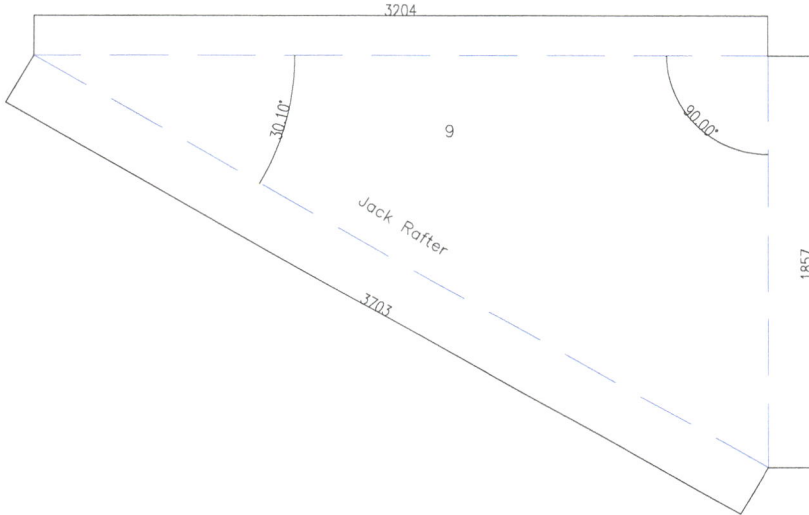

Jack Rafter No 9

$3.202 \times \tan 30°$	$=$ **1.849** Height of Jack Rafter
$3.202^2 + 1.849^2$	$=$ **3.697** Length of Jack Rafter
$3.202^2 + 3.202^2 = \sqrt{20.506}$	$=$ **4.528** Horizontal Length of Hip
$4.528 \times \tan 22\text{-}12\text{-}00°$	$=$ **1.849** Height of Hip
$4.528^2 + 1.849^2 = \sqrt{23.922}$	$=$ **4.891** Rise of the hip to meet Jack Rafter
$4.891 \times \sin 22\text{-}12\text{-}00°$	$=$ **1.848** Height of Hip
$4.891 \times 22\text{-}12\text{-}00°$	$=$ **4.528** Horizontal Length of Hip

Roofing: All Dimensions from face of wall to centre of Ridge

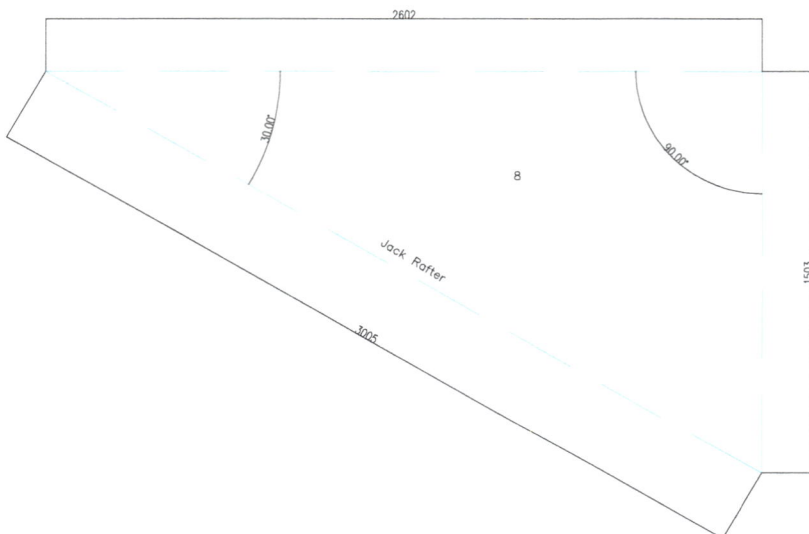

Jack Rafter No 8

$2.602 \times \text{Tan } 30°$	= **1.502** Height of Jack Rafter
$2.602^2 + 1.502^2$	= **3.005** Length of Jack Rafter
$2.602^2 + 2.602^2 = \sqrt{13.541}$	= **3.680** Horizontal Length of Hip
$3.680 \times \tan 22\text{-}12\text{-}00°$	= **1.502** Height of Hip
$3.680^2 + 1.502^2 = \sqrt{15.798}$	= **3.975** Rise of the hip to meet Jack Rafter
$3.975 \times \text{sine } 22\text{-}12\text{-}00°$	= **1.502** Height of Hip
$3.975 \times \cos 22\text{-}12\text{-}00°$	= **3.680** Horizontal Length of Hip

Roofing: All Dimensions from face of wall to centre of Ridge

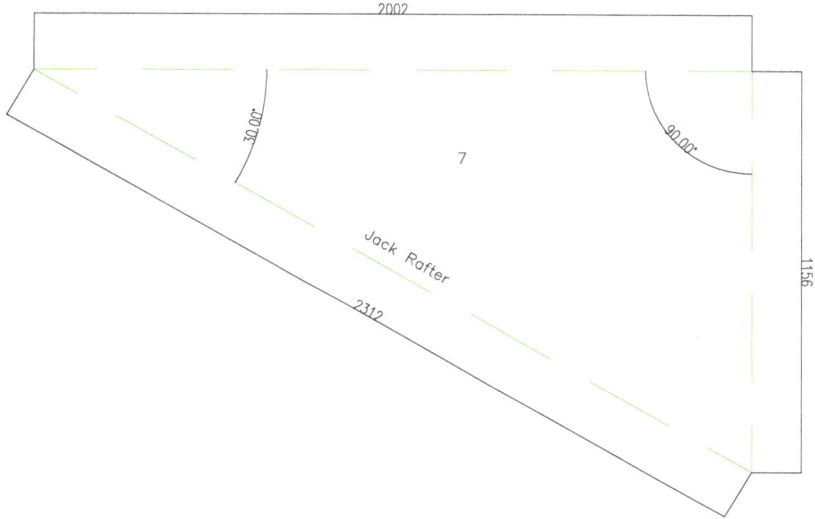

Jack Rafter No 7

$2.002 \times \text{Tan } 30° \qquad = \mathbf{1.156}$ Height of Jack Rafter

$2.002^2 + 1.156^2 \qquad = \mathbf{2.312}$ Length of Jack Rafter

$2.002^2 + 2.002^2 = \sqrt{8.016} = \mathbf{2.831}$ Horizontal Length of Hip

$2.831 \times \tan 22\text{-}12\text{-}00° \qquad = \mathbf{1.155}$ Height of Hip

$2.831^2 + 1.156^2 = \sqrt{9.351} = \mathbf{3.058}$ Rise of the hip to meet Jack Rafter

$3.058 \times \text{sine } 22\text{-}12\text{-}00° \qquad = \mathbf{1.155}$ Height of Hip

$3.058 \times \cos 22\text{-}12\text{-}00° \qquad = \mathbf{2.831}$ Horizontal Length of Hip

Roofing: All Dimensions from face of wall to centre of Ridge

Jack Rafter

1402

30.00°

6

90.01°

810

1619

Jack Rafter No 6

$1.402 \times \text{Tan } 30°$	$= .809$ Height of Jack Rafter
$1.402^2 + .809^2$	$= 1.619$ Length of Jack Rafter
$1.402^2 + 1.402^2 = \sqrt{3.931} = 1.983$ Horizontal Length of Hip	
$1.983 \times \text{tan } 22\text{-}12\text{-}00°$	$= .809$ Height of Hip
$1.983^2 + .810^2 = \sqrt{4.588}$	$= 2.142$ Rise of the hip to meet Jack Rafter
$2.142 \times \text{sine } 22\text{-}12\text{-}00°$	$= .809$ Height of Hip
$2.142 \times \cos 22\text{-}12\text{-}00°$	$= 1.983$ Horizontal Length of Hip

Roofing: All Dimensions from face of wall to centre of Ridge

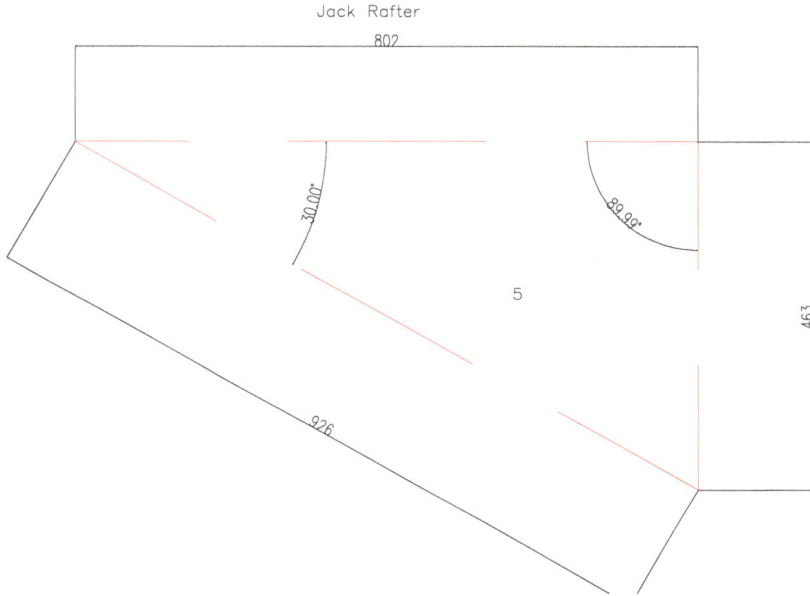

Jack Rafter
802
30.00°
89.99°
5
463
926

Jack Rafter No 5

$.802 \times \tan 30°$	=	**.463** Height of Jack Rafter
$.802^2 + .463^2$	=	**.926** Length of Jack Rafter
$.802^2 + .802^2 = \sqrt{1.286}$	=	**1.134** Horizontal Length of Hip
$1.134 \times \tan 22\text{-}12\text{-}00°$	=	**.463** Height of Hip
$1.134^2 + .463^2 = \sqrt{1.500}$	=	**1.225** Rise of the hip to meet Jack Rafter
$1.225 \times \sin 22\text{-}12\text{-}00°$	=	**.463** Height of Hip
$1.225 \times \cos 22\text{-}12\text{-}00°$	=	**1.134** Horizontal Length of Hip

47

Roofing: All Dimensions from face of wall to centre of Ridge

Typical Hip and wall Plate details

Typical Example of dimensions

Not to Scale

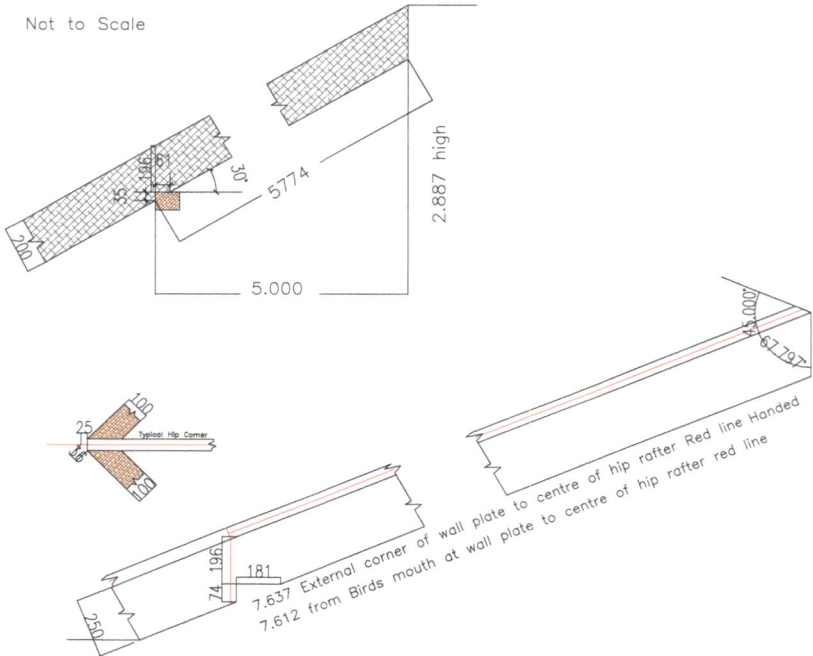

2.887 high

30°

5774

200

5.000

25

Typical Hip Corner

100

100

74.196

181

250

7.637 External corner of wall plate to centre of hip rafter Red line Handed

7.612 from Birds mouth at wall plate to centre of hip rafter red line

45.000

67.797

Land Survey

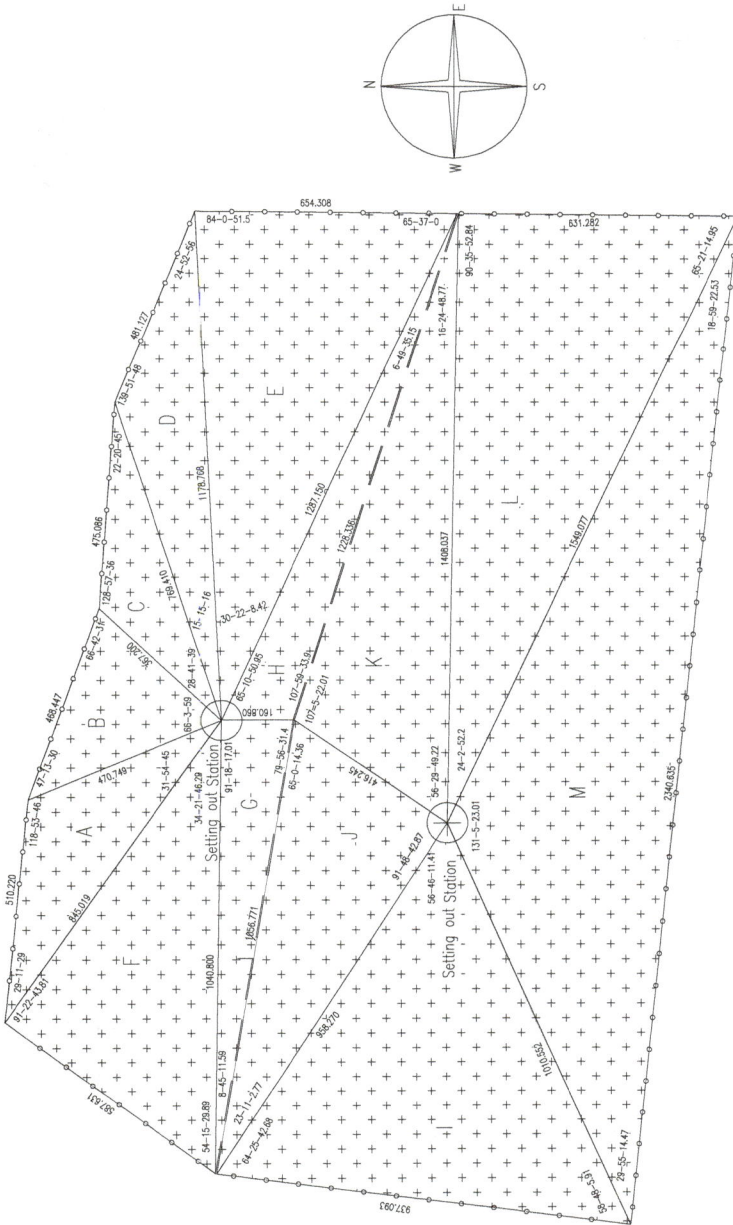

Land Survey

(A) North

$(845.019^2 + 470.749^2) - (2 \times 845.019 \times 470.749 \times \cos 31\text{-}54\text{-}44°)$
$(935661.731) - (675338.337261)$
$\sqrt{260323.394} = $ **510.219**

$\dfrac{845.019^2 + 470.749^2 - 510.219^2}{2 \times 845.019 \times 470.749}$
$675338.303 \div 795583.698$
$0.849 = $ **in cos 31-54-44°**

$\dfrac{470.749^2 + 510.219^2 - 845.019^2}{2 \times 470.749 \times 510.219}$
$-232129.061 \div 480370.168$
$-0.483 = $ **in cos118-53-47°**   **180-00-00°**

$\dfrac{845.019^2 + 510.219^2 - 470.749^2}{2 \times 845.019 \times 510.219}$
$752775.917 \div 862289.498$
$0.862289.498 = $ **in cos 29-11-28°**

Area

$845.019 + 470.749 + 510.219 = 1825.987 \div 2 = 912.994$

$912.994(912.994 - 845.019)(912.994 - 470.749)(912.994 - 510.219)$

$912.994 \times 67.975 \times 442.245 \times 402.775$

$\sqrt{11054582360.7} = $ **105140.774 square metres**

Land Survey

(B) North

$(470.749^2 + 376.200^2) - (2 \times 470.749 \times 376.200 \times \cos 66\text{-}3\text{-}59°)$
$(363131.061) - (143687.662)$
$\sqrt{219443.399} = $ **468.448**

$470.749^2 + 376.200^2 - 468.448^2$
$2 \times 470.749 \times 376.200$
$143687.532 \div 354191.548$
$0.406 = $ **in cos 66-3-59°**

$376.200^2 + 468.448^2 - 470.749^2$
$2 \times 376.200 \times 468.448$
$139365.348 \div 352460.275$ **180-00-00°**
$0.395 = $ **in cos 66-42-31°**

$470.749^2 + 468.448^2 - 376.200^2$
$2 \times 470.749 \times 468.448$
$299521.710 \div 441042.855$
$0.679 = $ **in cos 47-13-30°**

Area

$470.749 + 468.448 + 376.200 = 1315.397 \div 2 = 657.699$

$657.699(657.699 - 470.749)(657.699 - 468.448)(657.699 - 376.200)$

$657.699 \times 186.950 \times 189.251 \times 281.499$

$\sqrt{6550393050.79} = $ **80934.499 square metres**

Land Survey

(C) North

$(376.200^2 + 769.410^2) - (2 \times 376.200 \times 769.410 \times \cos 28\text{-}41\text{-}39°$
$(733518.188) - (507811.798)$
$\sqrt{225706.391} =$ **475.086**

$376.200^2 + 769.410^2 - 475.086^2$
$2 \times 376.200 \times 769.410$
$507811.481 \div 578904.084$
$0.877 =$ **in cos 28-41-39°**

$769.410^2 + 475.086^2 - 376.200^2$
$2 \times 769.410 \times 475.086$
$676172.015 \div 731071.839$ 180**-00-00°**
$0.925 =$ **in cos 22-20-45°**

$376.200^2 + 475.086^2 - 769.410^2$
$2 \times 376.200 \times 475.086$
$-224758.601 \div 357454.706$
$-62877770763 =$ **in cos 128-57-35°**

Area

$376.200 + 769.410 + 475.086 = 1620.696 \div 2 = 810.348$

$810.348(810.348 - 376.200)(810.348 - 769.410)(810.348 - 475.086)$

$810.348 \times 434.148 \times 40.938 \times 335.262$

$\sqrt{4828589908.56} =$ **69488.056 square metres**

Land Survey

$(769.410^2 + 1178.768^2) - (2 \times 769.410 \times 1178.768 \times \cos 15\text{-}15\text{-}16°$
$(1981485.746) - (1750002.071)$
$\sqrt{231483.675} = $ **481.128**

$769.410^2 + 1178.768 - 481.127$
$2 \times 769.410 \times 1178.768$
$1750002.556 \div 1813911.774$
$0.965 = $ **in cos 15-15-16°**

$1178.768^2 + 481.127^2 - 769.410^2$
$2 \times 1178.768 \times 481.127$
$1028985.440 \div 1134274.223$ **180-00-00°**
$0.907 = $ **in cos 24-52-55°**

$481.127^2 + 769.410^2 - 1178.768^2$
$2 \times 481.127 \times 769.410$
$-566019.059595 \div 740367.85014$
$-0.76451058684 = $ **in cos 139-51-48°**

Area

$769.410 + 1178.768 + 481.127 = 2429.305 \div 2 = 1214.653$

$1214.653(1214.653 - 769.410)(1214.653 - 1178.768)$
$(1214.653 - 481.127)$

$1214.653 \times 445.243 \times 35.885 \times 733.526$

$\sqrt{14235660146.7} = $ **119313.286 square metres**

Land Survey

(E) North

$(1178.768^2 + 1287.150^2) - (2 \times 1178.768 \times 1287,150.150 \times$
$\quad \cos 30\text{-}22\text{-}8.42°)$
$(3046249.120) - (2618130.139)$
$\sqrt{428118.981} =$ **654.308**

$1178.768^2 + 1287.150^2 - 654.308^2$
$2 \times 1178.768 \times 1287.150$
$2618130.161 \div 3034502.462$
$0.863 =$ **in cos 30-22-8.42°**

$1287.150^2 + 654.308^2 - 1178.768^2$
$2 \times 1287.150 \times 654.308$
$695380.084 \div 1684385.0844$ **180-00-00°**
$0.41283913635 =$ **in cos 65-37-0°**

$1178.768^2 + 654.308^2 - 1287.150^2$
$2 \times 1178.768 \times 654.308$
$160857.834 \div 1542554.665$
$0.10428015151 =$ **in cos 84-0-51.5°**

Area

$1178.768 + 1287.150 + 654.308 = 3120.226 \div 2 = 1560.113$

$1560.113(1560.113 - 1178.768) \ (1560.113 - 1287.150)$
$(1560.113 - 654.308)$

$1560.113 \times 381.345 \times 272.963 \times 905.805$

$\sqrt{147099978247} =$ **383536.150 square metres**

Land Survey

(F) North

$(845.019^2 + 1040.800^2) - (2 \times 845.019 \times 1040.800 \times$
$\qquad$ Coc 34-21-46.29°
$(1797321.750) - (1452011.574)$
$\sqrt{345310.177} = $ **587.631**

$845.019^2 + 1040.800^2 - 587.631^2$
$2 \times 845.019 \times 1040.800$
$1452011.558 \div 1758991.550$
$0.825 = $ **in cos 34-21-46.29°**

$1040.800^2 + 587.631^2 - 845.019^2$
$2 \times 1040.800 \times 587.631$
$714517.722 \div 1223212.690$ $\qquad$ **180-00-00°**
$0.584 = $ **in cos 54-15-29.89°**

$845.019^2 + 587.631^2 - 1040.800^2$
$2 \times 845.019 \times 587.631$
$-23897.337 \div 993118.720$
$-0.024 = $ **in cos 91-22-43.81°**

Area

$845.019 + 587.631 + 1040.800 = 2473.45 \div 2 = 1236.725$

$1236.725(1236.725 - 845.019)\ (1236.725 - 587.631)$
$(1236.725 - 1040.800)$

$1236.725 \times 391.706 \times 649.094 \times 195.925$

$\sqrt{61607106827} = $ **248207.790 square metres**

Land Survey

(G) North

$(1040.800^2 + 1056.771^2) - (2 \times 1040.800 \times 1056.771 \times$
$\quad \cos 8\text{-}45\text{-}11.59°$
$(2200029.586) - (2174153.654)$
$\sqrt{25875.932} =$ **160.860**

$1040.800^2 + 1056.771^2 - 160.860^2$
$2 \times 1040.800 \times 1056.771$
$2174153.647 \div 2199774.514$
$0.988 =$ **in cos 8-45-11.59°**

$1056.771^2 + 160.860^2 - 1040.800^2$
$2 \times 1056.771 \times 160.860$
$59376.246 \div 339984.366$ **180-00-00°**
$0.175 =$ **in cos 79-56-31.4°**

$1040.800^2 + 160.860^2 - 1056.771^2$
$2 \times 1040.800 \times 160.860$
$-7624.367 \div 334846.176$
$0.02276975933 =$ **in cos 91-18-17.01°**

Area

$1040.800 + 160.860 + 1056.771 = 2258.431 \div 2 = 1129.216$

$1129.216(1129.216\text{-}1040.800) \ (1129.216 - 160.860)$
$(1129.216 \ 1056.771)$

$1129.216 \times 88.416 \times 968.356 \times 72.445$

$\sqrt{7004080978.77} =$ **83690.388 square metres**

Land Survey

(H) North

$(1287.150^2 + 1228.336^2) - (2 \times 1287.150 \times 1228.336 \times \cos 6\text{-}49\text{-}35.15)$

$(3165564.451) - (3139688.513)$

$\sqrt{25875.939} =$ **160.860**

$1287.150^2 + 1228.336^2 - 160.860^2$

$2 \times 1287.150 \times 1228.336$

$3139688.512 \div 3162105.365$

$0.993 =$ **in cos 6-49-35.15°**

$1228.336^2 + 160.860^2 - 1287.150^2$

$2 \times 1228.336 \times 160.860$

$-122069.854 \div 395180.258$ **180-00-00°**

$-0.309 =$ **in cos 107-59-33.9°**

$1287.150^2 + 160.860^2 - 1228.336^2$

$2 \times 1287.150 \times 160.860$

$173821.733 \div 414101.898$

$0.420 =$ **in cos 65-10-50.95°**

Area

$1287.150 + 160.860 + 1228.336 = 2676.346 \div 2 = 1338.173$

$1338.173(1338.173 - 1287.150)\,(1338.173 - 160.860)$
$(1338.173 - 1228.336)$

$1338.173 \times 51.023 \times 1177.313 \times 109.837$

$\sqrt{8829149187.07} =$ **93963.552 square metres**

Land Survey

(I) South

$(1010.552^2 + 958.270^2) - (2 \times 1010.552 \times 958.270 \times$
$\qquad \cos 56\text{-}46\text{-}11.41°$
$(1939496.738) - (1061353.413)$
$\sqrt{878143.325} \ = $ **937.093**

$1010.552^2 + 958.270^2 - 937.093^2$
$2 \times 1010.552 \times 958.270$
$1061353.447 \div 1936763.330$
$-0.548 = $ **in cos 56-46-11.41°**

$1010.552^2 + 937.093^2 - 958.270^2$
$2 \times 1010.552 \times 937.093$
$981077.242 \div 1893962.411$ **180-00-00°**
$0.518 = $ **in cos 58-48-5.91°**

$937.093^2 + 958.270^2 - 1010.552^2$
$2 \times 937.093 \times 958.270$
$775209.339 \div 1795976.218$
$0.432 = $ **in cos 64-25-42.68°**

$1010.552 + 937.093 + 958.270 = 2905.915 \div 2 = 1452.958$

$1452.958 \ (1452.958 - 1010.552) \ (1452.958 - 937.093)$
$(1452.958 - 958.270)$

$1452.958 \times 442.406 \times 515.865 \times 494.688$

$\sqrt{164036826267} = $ **405014.600 square metres**

Land Survey

(J) South

$(1056.771^2 + 958.270^2) - (2 \times 1056.771 \times 958.270 \times$
$\qquad \cos 23\text{-}11\text{-}2.77°$
$(2035046.339) - (1861786.449)$
$\sqrt{173259.890} =$ **416.245**

$1056.771^2 + 958.270^2 - 416.245^2$
$2 \times 1056.771 \times 958.270$
$1861786.439 \div 2025343.892$
$0.919 =$ **in cos 23-11-2.77°**

$958.270^2 + 416.245^2 - 1056.771^2$
$2 \times 958.270 \times 416.245$
$-25223.654 \div 797750.192$ **180-00-00°**
$-0.032 =$ **in cos 91-48-42.87°**

$1056.771^2 + 416.245^2 - 958.270^2$
$2 \times 1056.771 \times 416.245$
$371743.454 \div 879751.290$
$0.423 =$ **in cos 65-0-14.36°**

$1056.771 + 416.245 + 958.270 = 2431.286 \div 2 = 1215.643$

$1215.643(1215.643 - 1056.771)(1215.643 - 416.245)$
$(1215.643 - 958.270)$

$1215.643 \times 158.872 \times 799.398 \times 257.373$

$\sqrt{39735571038.6} =$ **199337.831 square metres**

Land Survey

(K) South

$(1408.037^2 + 1228.336^2) - (2 \times 1408.037 \times 1228.336 \times \cos 16\text{-}24\text{-}48.77°)$

$(3491377.522) - (3318117.636)$

$\sqrt{173259.887} = $ **416.245**

$1408.037^2 + 1228.336^2 - 416.245$

$2 \times 1408.037 \times 1228.336$

$3318117.622 \div 3459085.073$

$0.959 = $ **in cos 16-24-48.77°**

$1228.336^2 + 416.245^2 - 1408.037^2$

$2 \times 1228.336 \times 416.245$

$-300498.964 \div 1022577.437$

$0.294 = $ **in cos 107-5-22.01°   180-00-00°**

$1408.037^2 + 416.245^2 - 1228.336^2$

$2 \times 1408.037 \times 416.245$

$647018.764 \div 1172176.722$

$0.552 = $ **in cos 56-29-49.22°**

$1408.037 + 416.245 + 1228.336 = 3052.618 \div 2 = 1526.309$

$1526.309(1526.309 - 1408.037) \ (1526.309 - 416.245)$
$(1526.309 - 1228.336)$

$1526.309 \times 118.272 \times 1110.064 \times 297.973$

$\sqrt{59710311643.1} = $ **244356.935 square metres**

Land Survey

(L) South

$(1408.037^2 + 1549.077^2) - (2 \times 1408.037 \times 1549.077 \times \cos 24\text{-}2\text{-}52.2°$

$(4382207.745) - (3983690.804$

$\sqrt{39516.941} =$ **631.282**

$1408.037^2 + 1549.077^2 - 631.282^2$

$2 \times 1408.037 \times 1549.077$

$3983690.782 \div 4362315.464$

$0.913 =$ **in cos 24-2-52.2°**

$1549.077^2 + 631.282^2 - 1408.037^2$

$2 \times 1549.077 \times 631.282$

$815588.322 \div 1955808.853$

$0.417 =$ **in cos 65-21-14.95°   180-00-00°**

$1408.037^2 + 631.282^2 - 1549.077^2$

$2 \times 1408.037 \times 631.282$

$-18554.395 \div 1777736.827$

$-0.010 =$ **in cos 90-35-52.84°**

$1408.037 + 631.282 + 1549.077 = 3588.396 \div 2 = 1794.198$

$1794.198(1794.198 - 1408.037)(1794.198 - 631.282)$
$(1794.198 - 1549.077)$

$1794.198 \times 386.161 \times 1162.916 \times 245.121$

$\sqrt{197500247501} =$ **444409.999 square metres**

61

Land Survey

(M) South

$(1549.077^2 + 2340.635^2) - (2 \times 1549.077 \times 2340.635 \times$
    $\cos 18\text{-}59\text{-}22.53°$
$(7878211.755) - (6856996.361)$
$\sqrt{1021215.394} =$ **1010.552**

$1549.077^2 + 2340.635^2 - 1010.552^2$
$2 \times 1549.077 \times 2340.635$
$6856996.410 \div 7251647.688$
$0.946 =$ **in cos 18-59-22.53°**

$2340.635^2 + 1010.552^2 - 1549.077^2$
$2 \times 2340.635 \times 1010.552$
$4100147.996 \div 4730666.761$
$0.867 =$ **in cos 29-55-14.47°   180-00-00°**

$1549.077^2 + 1010.552^2 - 2340.635^2$
$2 \times 1549.077 \times 1010.552$
$-2057717.307 \div 3130845.721$
$-0657 =$ **in cos 131-5-23.01°**

$1549.077 + 1010.552 + 2340.635 = 4900.264 \div 2 = 2450.132$

$2450.132(2450.132 - 1549.077)\ (2450.132 - 1010.552)$
$(2450.132 - 2340.635)$

$2450.132 \times 901.055 \times 1439.58 \times 109.497$

$\sqrt{347999650931.} =$ **589914.952 square metres**

Total Area North	*Total South*	*Total Area North & South*
A 105140.774	I 405014.600	1184275.029
B 80934.529	J 199337.831	1883134.317
C 69488.056	K 244356.935	
D 119313.286	L 444409.999	
E 383536.150	M 589914.952	
F 248207.790		
G 83690.388		
H 93963.552		
1184275.029	**1883034.317**	**3067309.346** **Total Square metres**

(1) Circles to fit around Triangles

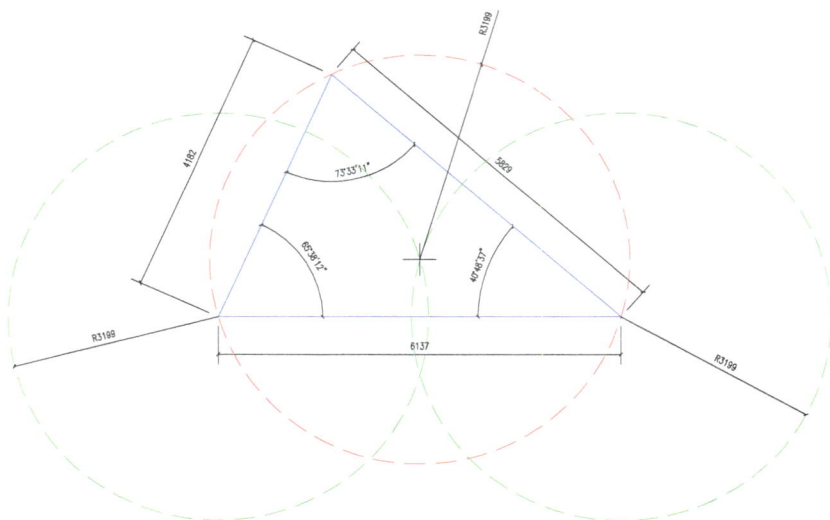

(1) Circles to fit around Triangles

Triangle size 6.137 × 4.182 × 5.829

How to calculate a circle to fit around a triangle

6.137 ÷ opposite angle 73-33-11° sine = 6.399 diameter ÷ 2 = **3.199 Radius**

4.182 ÷ 40-48-37° sine = 6.399 diameter ÷2 = **3.199 Radius**

5.829 ÷ 65-38-12° sine = 6.399 diameter ÷ 2 = **3.199 Radius**

$6.137^2 + 5.829^2 - 4.182^2$
$2 \times 6.137 \times 5.829$
54.150886 ÷ 71.545146
0.75687714719= **in cos 40-48-37°**

$6.137^2 + 4.182^2 - 5.829^2$

$2 \times 6.137 \times 4.182$

$21.174652 \div 51.329868$ **180-00-00°**

$0.41252106863 =$ **in cos 65-38-12°**

$4.182^2 + 5.829^2 - 6.137^2$

$2 \times 4.182 \times 5.829$

$13.803596 \div 48.753756$

$0.28312887318=$ **in cos 73-33-11°**

(1) Circles to fit around Triangles

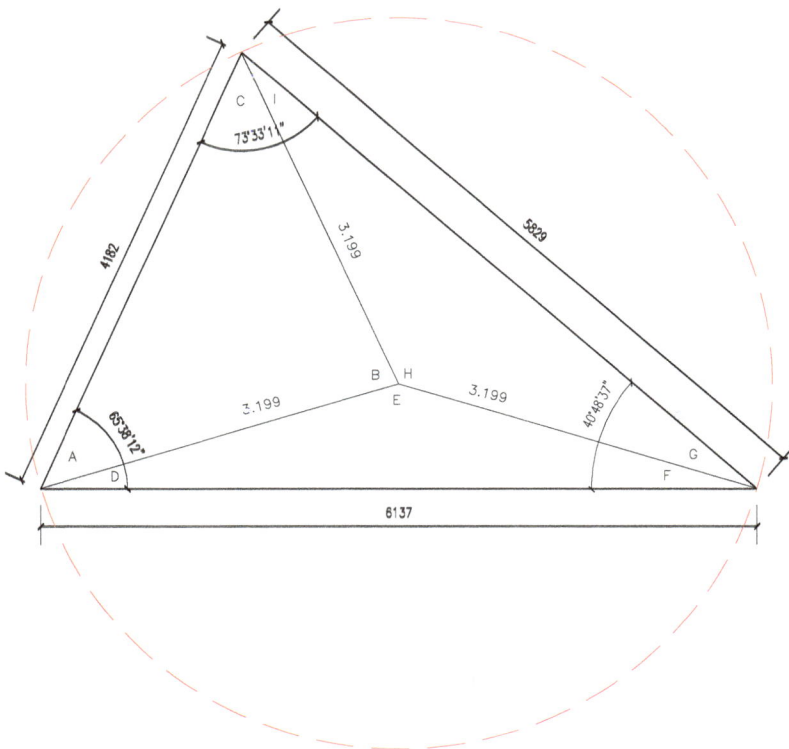

(1) Circles to fit around Triangles

$4.182^2 + 3.199^2 - 3.199^2$

$2 \times 4.182 \times 3.199$

$17.489 \div 26.756$

0.654   Angle A = **In Co-Sine 49-10-59.73°**

$3.199^2 + 3.199^2 - 4.182^2$

$2 \times 3.199 \times 3.199$

$2.978 \div 20.467$

0.146   Angle B = **in cos 81-38-0.54°**

$180° - 49\text{-}10\text{-}59.73° - 81\text{-}38\text{-}0.54°$ Angle C = **49-10-59.73°**

$6.137^2 + 3.199^2 - 3.199^2$

$2 \times 6.137 \times 3.199$

$37.663 \div 39.265$

0.959   Angle D = **in cos 16-25-18.83°**

$3.199^2 + 3.199^2 - 6.137^2$

$2 \times 3.199 \times 3.199$

$-17.196 \div 20.467$

−0.840 Angle E = **in cos 147-9-22.34°**

$180° - 16\text{-}25\text{-}18.83° - 147\text{-}9\text{-}22.34°$ Angle F = **16-25-18.83°**

(1) Circles to fit around Triangles

$5.829^2 + 3.199^2 - 3.199^2$

$2 \times 5.829 \times 3.199$

$33.977 \div 37.294$

0.911   Angle G = **in cos24-20-49°**
                                         including adjacent corner

$3.199^2 + 3.199^2 - 5.829^2$ **180-00-00°**

$2 \times 3.199 \times 3.199$

$-13.510 \div 20.467$

-0.660 Angle H = **in cos**
                                         131-18-22.16°

$180° - 24$-20-$49 - 131$-18-$22.16°$ Angle I = **24-20-48.84°**

67

(2) Circles to fit around Triangles

(2) Circles to fit around Triangles

$12.923 \div 134\text{-}19\text{-}44°$ sine $= 18.066$ Dia $\div 2 =$ **9.033 Radius**
$9.500 \div 31\text{-}43\text{-}35°$ sine $= 18.066$ Dia $\div 2 =$ **9.033 Radius**
$4.354 \div 13\text{-}56\text{-}45°$ sine $= 18.066$ Dia $\div 2 =$ **9.033 Radius**

A) $\quad 12.923^2 + 9.033^2 - 9.033^2$
$\quad\quad 2 \times 12.923 \times 9.033$
$\quad\quad 167.004 \div 233.467$
$\quad\quad 0.715 =$ **in cos 44-19-49.58° including adjacent corner**

(2) Circles to fit around Triangles

C, C) $9.033^2 + 9.033^2 - 12.923$
  $2 \times 9.033 \times 9.033$
  $-3.814 \div 163.190$
  $-0.023 =$ **in cos 91-20-20.84°**

B) $180° - 44-19-49.58° - 91-20-20.84° =$ **44-19-49.58°**

D, D) $9.500^2 + 4.354^2 - 12.923^2$
  $2 \times 9.500 \times 4.354$
  $-57.797 \div 82.726$
  $-0.699 =$ **in cos 134-19-7.98°**

E) $9.500^2 + 12.923^2 - 4.354^2$
  $2 \times 9.500 \times 12.923$
  $238.297 \div 245.537$
  $0.971 =$ **in cos 13-56-55.24°**

  $12.923^2 + 4.354^2 - 9.500^2$
  $2 \times 12.923 \times 4.354$
  $95.711 \div 112.533$
  $0.851 =$ **in cos31-43-56.78°**

(3) Circles to fit around Triangles

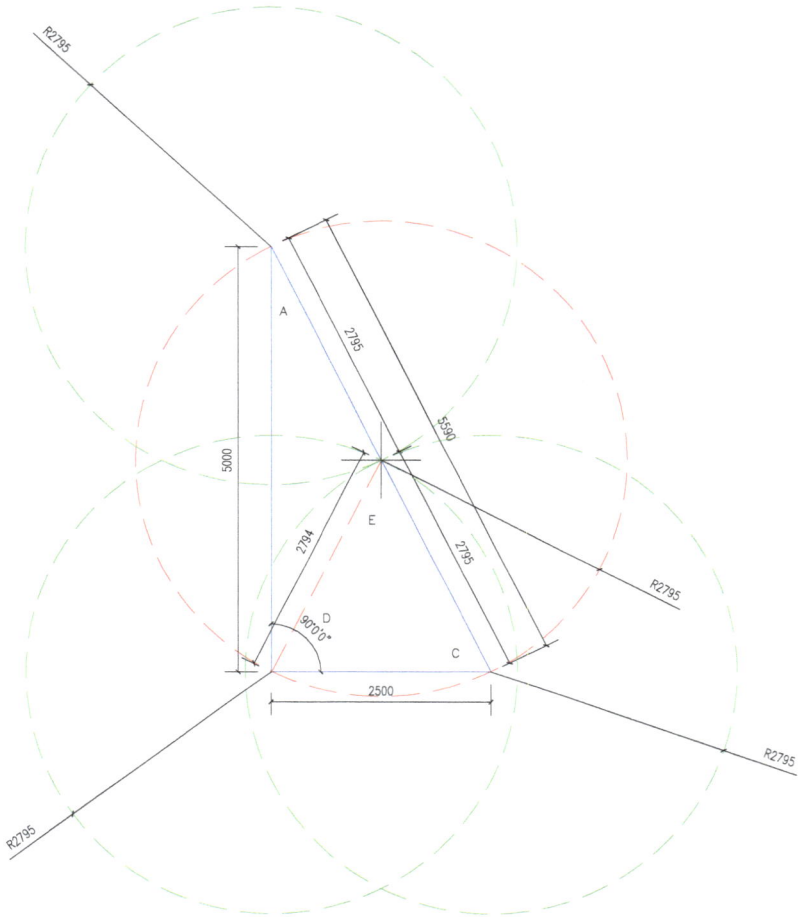

(3) Circles to fit around Triangles

$5.000 \div$ Sine $63\text{-}26\text{-}18.36° = 5.590$ Dia $\div 2 =$ **2.795 Radius**
$5.590 \div$ Sine $90\text{-}00\text{-}00° = 5.590$ Dia $\div 2 =$ **2.795 Radius**
$2.500 \div$ Sine $26\text{-}33\text{-}57.32° = 5.590$ Dia $\div 2 =$ **2.795 Radius**

A) $\dfrac{5.000^2 + 5.590^2 - 2.500^2}{2 \times 5.000 \times 5.590}$

    $49.998 \div 55.9$

    $0.894 =$ **in cos 26-33-57.32°**

B) $\dfrac{5.000^2 + 2.500^2 - 5.590^2}{2 \times 5.000 \times 2.500}$

    $0.002 \div 25.000 =$ **in cos 90-00-00°**

C) $\dfrac{5.590^2 + 2.500^2 - 5.000^2}{2 \times 5.590 \times 2.500}$

    $12.498 \div 27.95$

    $0.447 =$ **in cos 63-26-18.36°**

E) $\dfrac{2.795^2 + 2.795^2 - 2.500}{2 \times 2.795 \times 2.795}$

    $9.374 \div 15.624$

    $0.600 =$ **in cos 53-7-54.64°**

D & C) $\dfrac{2.500^2 + 2.795^2 - 2.795}{2 \times 2.500 \times 2.795}$

    $6.250 \div 13.975$

    $0.447 =$ **in cos 63-26-2.68° including adjacent corner**

1) Circles to fit inside Triangles

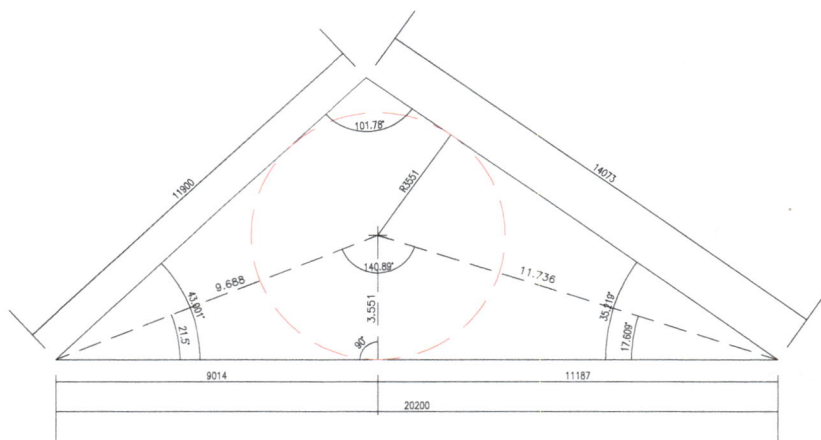

1) Circles to fit inside Triangles

$180° - 21.5° - 17.609°$ **= 140.89° or 140-53-24°**

$$\frac{\text{Sine } 17.609° \times 20.200}{\text{Sine } 140.89°}$$ **= 9.687**

$$\frac{\text{Sine } 21.5° \times 20.200}{\text{Sine } 140.89°}$$ **= 11.736**

$\text{Sine } 21.5° \times 9.687$ **= 3.550 Radius**

$\text{Cos } 21.5° \times 9.687$ **= 9.013**

$\text{Sine } 17.609° \times 11.736$ **= 3.550 Radius**

$\text{Cos } 17.609° \times 11.736$ **= 11.186**

Area Triangle

$11.900 + 14.073 + 20.200 = 46.173 \div 2 = 23.087$

$23.0867(23.087 - 11.900)\,(23.087 - 14.073)\,(23.087 - 20.200)$

$23.0865 \times 11.187 \times 9.014 \times 2.887$

$\sqrt{6721.179}$ = **81.983 square metres overall area**

Triangle = 35.866 square metres

Area Circle

$Pi \times 3.550^{2\ Radius}$ = **39.592 square metres**

2) Circles to fit inside Triangles

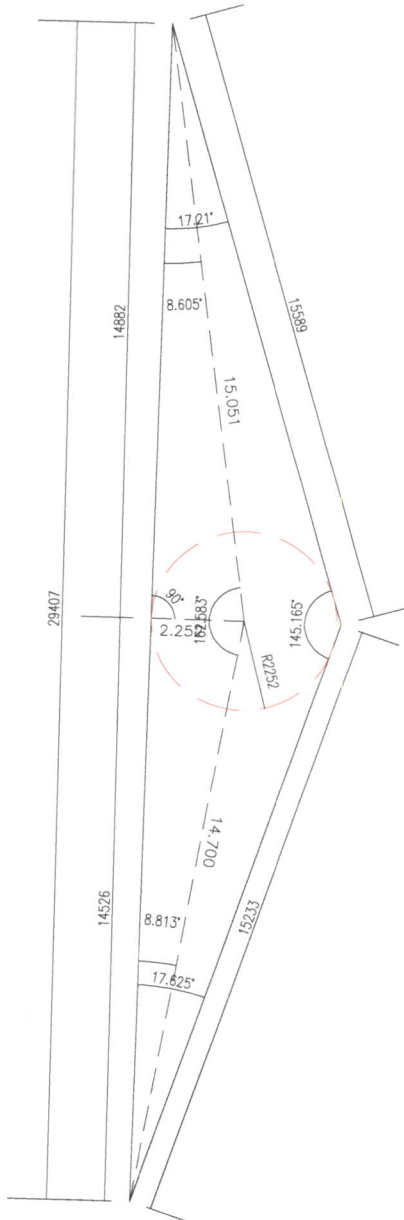

2) Circles to fit inside Triangles

$180 - 8.605° - 8.813°$ = **162.582° or 162-34-55.2°**

$$\frac{\text{Sine } 8.605° \times 29.409}{\text{Sine } 162.582}$$ = **14.700**

$$\frac{\text{Sine } 8.813 \times 29.409}{\text{Sine } 162.582}$$ = **15.052**

Sine $8.605° \times 15.051$ = **2.252 Radius**

Cos $8.605° \times 15.051$ = **14.882**

Sine $8.813° \times 14.700$ = **2.252 Radius**

Cos $8.813° \times 14.700$ = **14.527**

Area Triangle

$15.589 + 15.233 + 29.409 = 60.231 \div 2 = 30.116$

$30.116(30.116 - 15.589)\ (30.116 - 15.233)\ (30.116 - 29.409)$

$30.116 \times 14.527 \times 14.883 \times 0.707$

$\sqrt{4603.370}$ = **67.848 square metres overall**

Triangle = 51.916 square metres

Area Circle

$\text{Pi} \times 2.252^{2\ \text{Radius}}$ = **15.933 square metres**

3) Circles to fit inside Triangles

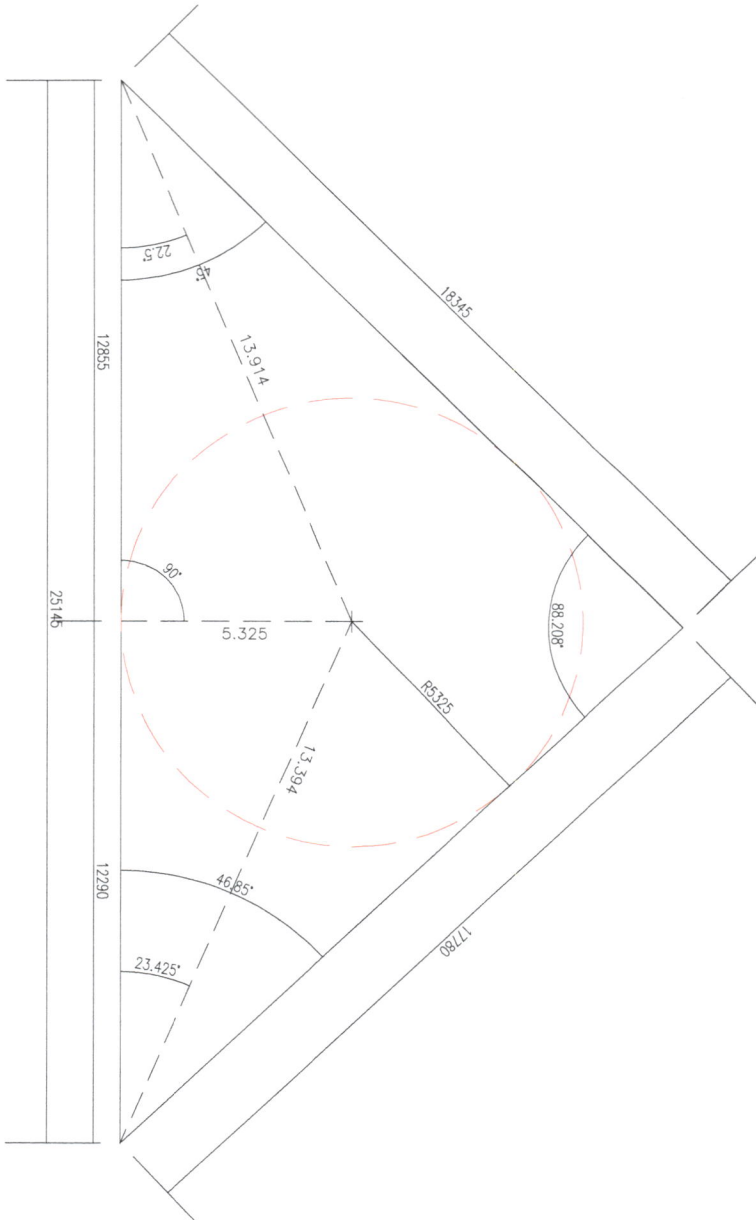

3) Circles to fit inside Triangles

$180 - 22.5° - 23.425°$ = **134.075° or 134-4-30°**

$$\frac{\text{Sine } 23.425° \times 25.145}{\text{Sine } 134.075}$$ = **13.914**

$$\frac{\text{Sine } 22.5° \times 25.145}{\text{Sine } 134.075}$$ = **13.394**

Sine 23.425×13.394 = **5.325 Radius**

Cos 23.425×13.394 = **12.290**

Sine 22.5×13.914 = **5.325 Radius**

Cos 22.5×13.914 = **12.855**

Sine 46.85×25.145 = **18.345**

Sine 45×25.145 = **17.780**

Area Triangle

$25.145 + 17.780 + 18.345 = 61.270 \div 2 = 30.635$

$30.635(30.635 - 25.145)\ (30.635 - 17.780)\ (30.635 - 18.345)$

$30.635 \times 5.490 \times 12.855 \times 12.290$

$\sqrt{26571.385}$ = **163.007 square metres overall**

Triangle = 73.925 square metres

Area Circle

Pi $\times 5.325^2$ Radius = **89.082square metres**

4) Circles to fit inside Triangles

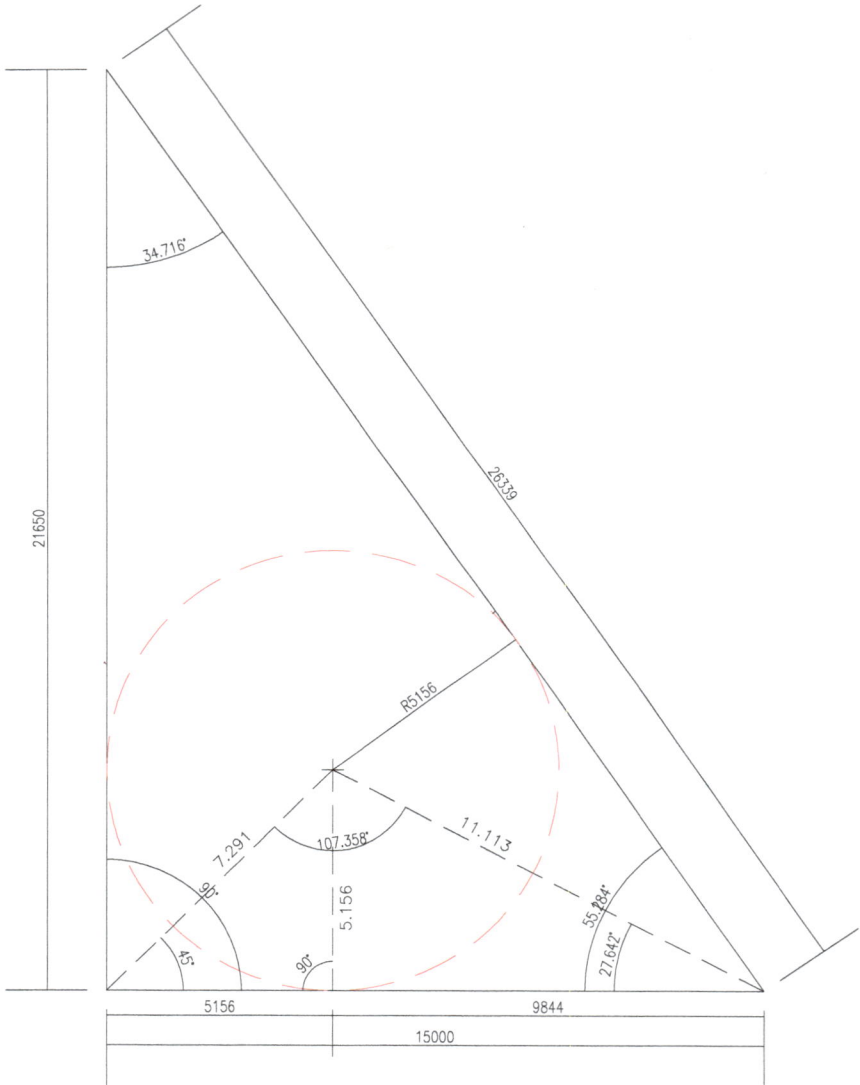

4) Circles to fit inside Triangles

$180° - 45° - 27.642°$ **= 107.358° or 107-21-28.8°**

$$\frac{\text{Sine } 45° \times 15.000}{\text{Sine } 107.358°}$$ **= 11.113**

$$\frac{\text{Sine } 27.642° \times 15.000}{\text{Sine } 107.358°}$$ **= 7.291**

Sine $45° \times 7.291$ **= 5.156 Radius**

Cos $45° \times 7.291$ **= 5.156**

Sine $27.642° \times 11.113$ **= 5.156 Radius**

Cos $27.642° \times 11.113$ **= 9.845**

Area Triangle

$21.650 + 26.339 + 15.000 = 62.989 \div 2 =$ **31.495**

$31.495(31.495 - 21.650)\ (31.495 - 26.339)\ (31.495 - 15.000)$

$31.495 \times 9.845 \times 5.156 \times 16.495$

$\sqrt{26370.755} =$ **162.391 square metres**

Triangle = 78.874 square metres

Area Circle

Pi $\times 5.156^2 =$ **83.517 square metres**

5) Circles to fit inside Triangles

5) Circles to fit inside Triangles

A) $180° - 45° - 30.964°$ **= 104.036 or 104 -**

$\dfrac{\text{Sine } 45° \times 8.000}{\text{Sine } 104.036°}$ **= 5.830**

$\dfrac{\text{Sine } 30.964° \times 8.000}{\text{Sine } 104.036°}$ **= 4.242**

Sine 45° × 4.242 **= 3.000 Radius**

Cos 45° × 4.242 **= 3.000**

Sine 30.964° × 5.830 **= 3.000 Radius**

Cos 30.964° × 5.830 **= 5.000**

B) $90° - 61.928°$ **= 28.072°**

∴ Tan 28.072 × 6.000 **= 3.200**

∴ 8.000 − 3.200 **= 4.800**

$\dfrac{\text{Sine } 45° \times 4.800}{\text{Sine } 104.036°}$ **= 3.499**

$\dfrac{\text{Sine } 30.964° \times 4.800}{\text{Sine } 104.036°}$ **= 2.546**

Sine 45° × 2.546 **= 1.800 Radius**

Cos 45° × 2.546 **= 1.800**

Sine 30.964° × 3.498 **= 1.799 Radius**

Cos 30.964° × 3.498 **= 3.000**

C) $90° - 61.928°$ $= 28.072°$

∴Tan $28.072° × 5.598$ $= 5.118$

∴ $8.000 - 5.118$ $= 2.881$

$$\frac{\text{Sine } 45° × 2.881}{\text{Sine } 104.036°} = 2.099$$

$$\frac{\text{Sine } 30.964° × 2.881}{\text{Sine } 104.036°} = 1.528$$

Sine $45° × 1.528$ $= 1.080$ Radius

Cos $45° × 1.528$ $= 1.080$

5) Circles to fit inside Triangles

(5C) Circles in Triangles

Sine $30.964° × 2.099$ $= 1.080$ Radius

Cos $30.964° × 2.099$ $= 1.800$

(5D) Circles in Triangles

$90° - 61.928°$ $= 28.072°$

Tan $28.072° × 11.758$ $= 6.271$

$8.000 - 6.271$ $= 1.729$

$$\frac{\text{Sine } 45° × 1.729}{\text{Sine } 104.036°} = 1.260$$

$$\frac{\text{Sine } 30.964° \times 1.729}{\text{Sine } 104.036} \qquad = 0.917$$

Sine 45° × 0.917   = 0.648 Radius

Cos 45° × 0.917   = 0.648

Sine 30.964° × 1.260   = 0.648 Radius

Cos 30.964° × 1.260   = 1.080

(5E) Circles in Triangles

90° − 61.928°   = 28.072°

Tan 28.072° × 13.054   = 6.962

8.000 − 6.962   = 1.038

$$\frac{\text{Sine } 45° \times 1.038}{\text{Sine } 104.036} \qquad = 0.757$$

$$\frac{\text{Sine } 30.964° \times 1.038}{\text{Sine } 104.036°} \qquad = 0.550$$

Sine 45° × 0.550   = .388 Radius

Cos 45° × 0.550   = .388

Sine 30.964° × 0.757   = .389 Radius

Cos 30.964° × 0.757   = .649

Tan 28.072° × 13.832   = 7.377 End

1) Setting out of Radius Dimensions

1) Setting out of Radius Dimensions

$180° - 137.71136°$	$= \textbf{42.289}°$
$42.289°$ or $(42\text{-}17\text{-}19.1°) \div 2$	$= \textbf{21.144}°$
$\therefore$ Tan $21.144° \times 6$	$= \textbf{2.321}$
Sine $21.144° \times 6 = 2.164 \times 2$	$= \textbf{4.329}$
Cos $21.144° \times 6$	$= \textbf{5.596}$
$6. - 5.596$	$= \textbf{.404}$

Arc $\dfrac{42.289°}{360} \times$ pi $3.141 \times 6 \times 2 = \textbf{4.428}$

2) Setting out of Radius Dimensions

2) Setting out of Radius Dimensions

$20° \div 2 = 10°$

$\therefore$ Tan $10° \times 10$ $\qquad = $ **1.763**

Sine $10° \times 10 \times 1.736 \times 2$ $\quad = $ **3.472**

Cos $10° \times 10$ $\qquad\quad = $ **9.847**

$10 - 9.847$ $\qquad\qquad = $ **.153**

Arc $\underline{20°}$
$\quad$ $360° \times$ pi $3.141 \times 10 \times 2$ $\; = $ **3.490**

3) Setting out of Radius Dimensions

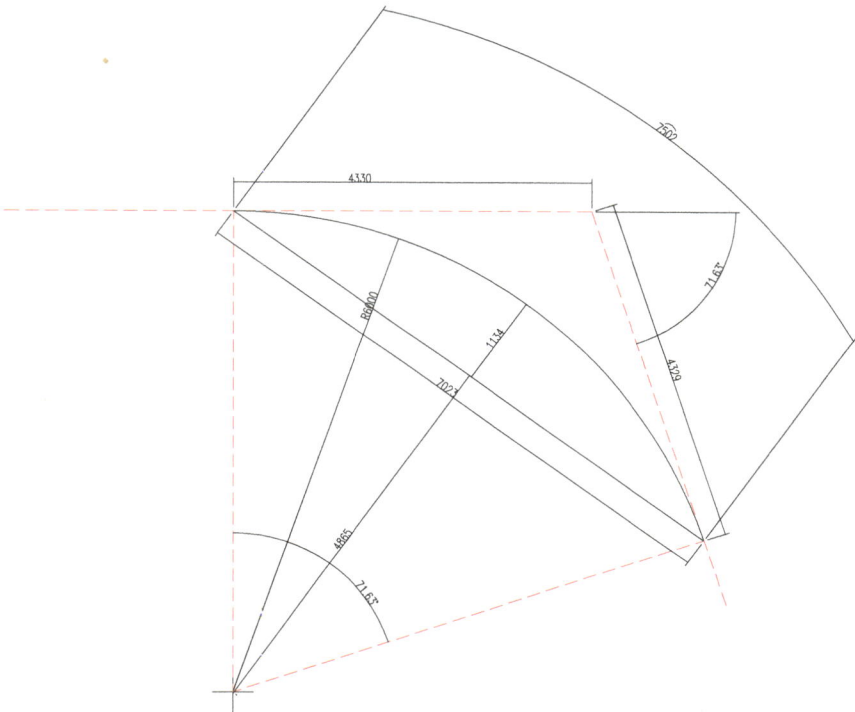

3) Setting out of Radius Dimensions

71.62918° or (71-37-45.05°) ÷ 2 = 35.815°

Tan 35.815° × 6   = **4.330**

Sine 35.815° × 6 × 2   = **7.022**

Cos 35.815° × 6   = **4.865**

6. − 4.865   = **1.135**

Arc $\dfrac{71.62918°}{360° \times \text{pi } 3.141 \times 6 \times 2}$ = **7.500**

4) Setting out of Radius Dimensions

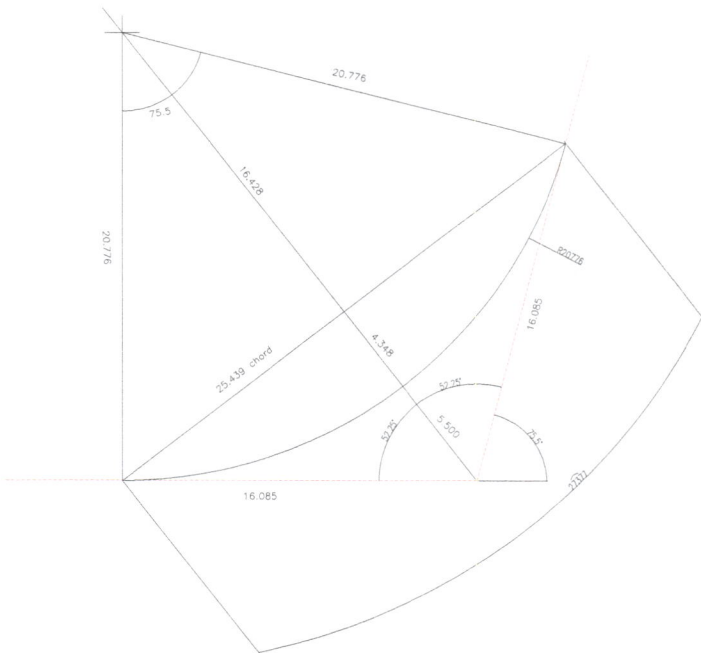

37.75°

5.500

75.5°

20.776

75.5

16.428

20.776

920776

16.085

25.439 chord

4.348

52.25°

52.25

5.500

75.5°

2702

16.085

4) Setting out of Radius dimensions

75.5° or (75-30-00°) ÷ 2   **= 37.75°**

Cos 37.75° = 0.791 sec (1/X)   **= 1.264719**

Alternative 1
Cos 37.75   **= 1.264719**

1.265 − 1   **= 0.264719**

$\dfrac{5.5}{0.264719}$ **= 20.776 Radius**

20.776 × 2 = 41.553 × Sine 37.75   **= 25.439 Long Chord**

Cos 37.75° 0.790690 − 1 = 0.209310 × 20.776 = **4.348 Radius to Chord**

Cos 37.75° 0.790690 × 20.776   **= 16.428**

∴ 16.428 + 4.348   **= 20.776**

25.439 ÷ 2 = 12.719 × tan 37.75   **= 9.848**

∴ $12.719^2 + 9.848^2 = \sqrt{258.756065}$ **= 16.085**

Arc $\dfrac{75\text{-}30\text{-}00°}{360° \times \text{pi } 3.141 \times 20.776 \times 2}$ **= 27.377 Arc**

Sine 37.75 × 20.776 = 12.719 × 2   **= 25.439**

Cos 37.75 × 20.776   **= 16.428**

25.439 ÷ 2   **= 12.7195**

4.348 + 5.500   **= 9.848**

$12.7195^2 + 9.848^2 = \sqrt{258.768784}$ **= 16.086**

5) Setting out of Radius Dimensions

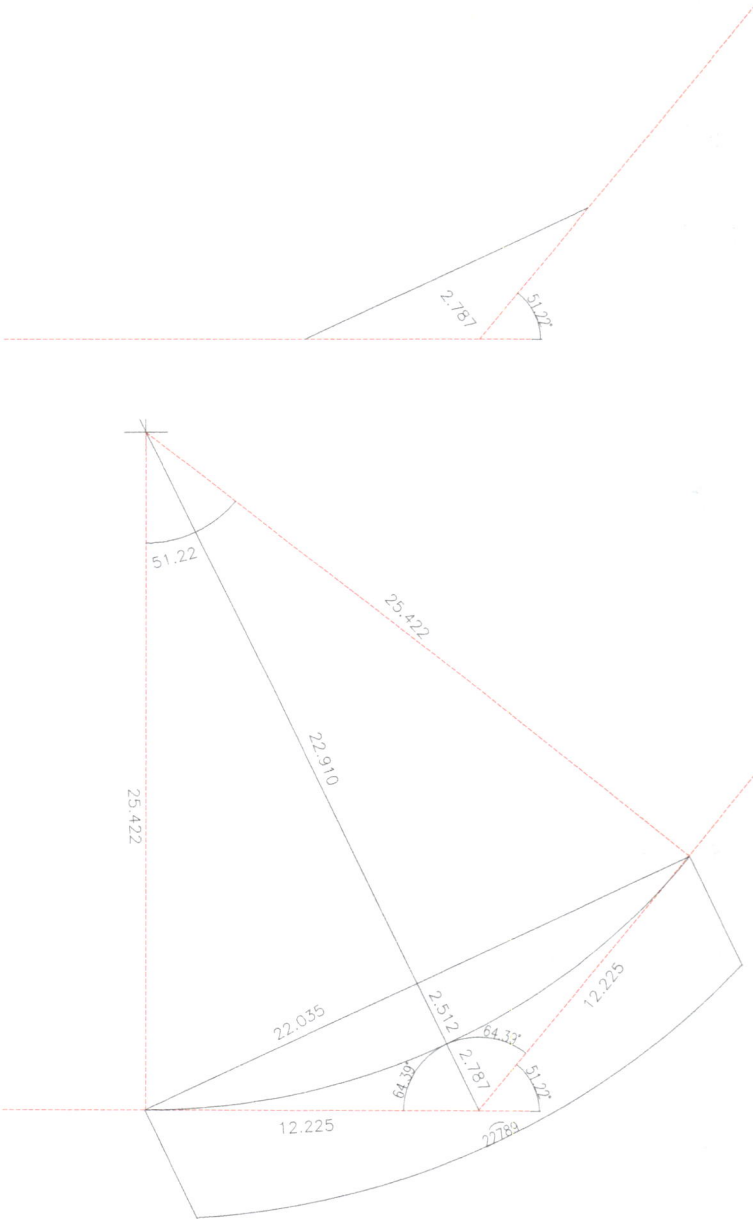

5) Setting out of Radius Dimensions

51.366667° or 51-22-0° ÷ 2   **= 25.683333°**

Cos 25.683333 = 0.901203 Sec(1/X)   **= 1.109628**

Alternative 1
Cos 25.683333   **= 1.109628**

1.10895577451 − 1   **= 0.109628**

2.787 ÷ 0.109628   **= 25.422**
                                                            Radius

25.422 ×2 × sine 25.683333   **= 22.035 Long**
                                                            Chord

Cos 25.683333 = .901203 − 1 = 098797 × 25.422 = **2.511**
                                                            Radius to
                                                            Chord

Cos 25,683333 = 901203 × 25.422   **= 22.910**

22.910 + 2.512   **= 25.422**

22.035 ÷ 2 = 11.0175 × tan 25.683333   **= 5.299**

$11.0175^2 + 5.299^2 = \sqrt{149.464707}$ **= 12.225**

Arc 51.366667
        360 × pi × 25.422 × 2   **= 22.791**

Sine 25.683333 × 25.422 × 2   **= 22.035**

Cos 25.683333 × 25.422   **= 22.910**

22.035 ÷ 2   **= 11.0175**

2.512 + 2.787   **= 5.299**

$11.0175^2 + 5.299^2 = \sqrt{149.464707}$ **= 12.225**

6) Setting out of Radius Dimensions

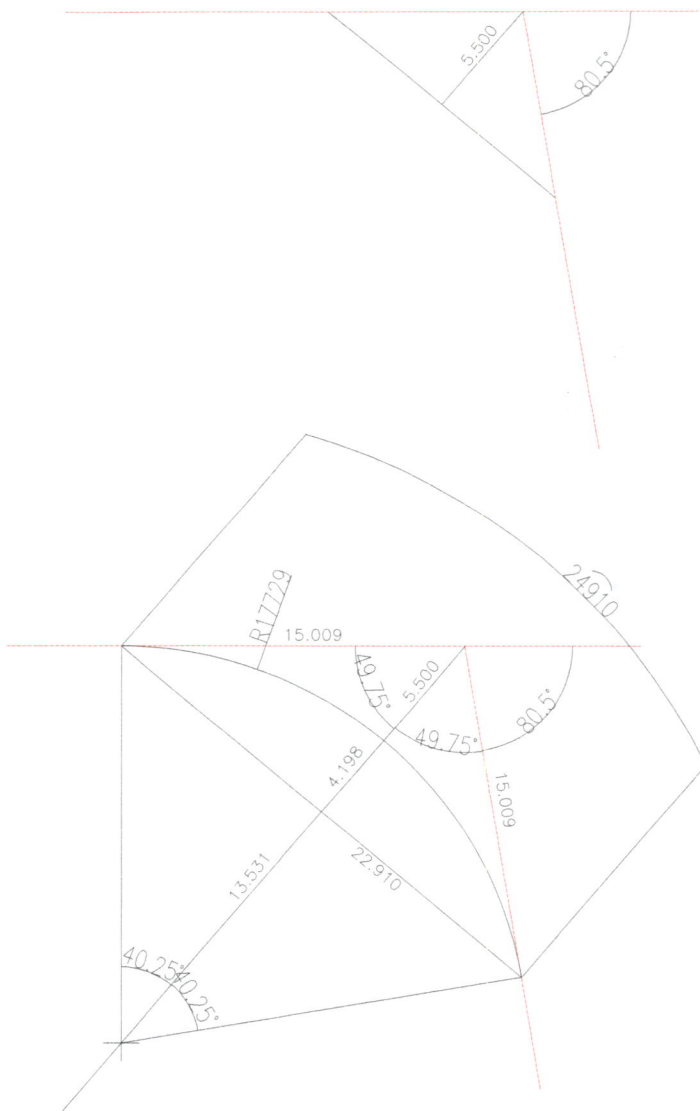

6) Setting out of Radius Dimensions

80.5° or 80-30-0° ÷ 2	= **40.250°**
Cos 40.250° = 0.763232° Sec (1X)	= **1.310217**
1.310217 − 1	= **310217**
5.5 ÷ .310217	= **17.730 Radius**
17.730 × 2 × sine 40.250°	= **22.912 Long Chord**
Cos 40.250 = .763232 − 1 = .236768 × 17.730	= **4.198 Radius to Chord**
Cos 40.250 = .763232 × 17.730	= **13.532**
13.531 + 4.198	= **17.729**
22.910 ÷ 2 = 11.455 × tan 40.250°	= **9.697**
$11.456^2 + 9.697^2 = \sqrt{225.272}$	= **15.009**
Arc $\dfrac{80.500}{360 \times pi \times 17.730 \times 2}$	= **24.910**
Sine 40.250 × 17.730 × 2	= **22.912**
Cos 40.250 × 17.729	= **13.531**
22.910 ÷ 2	= **11.456**
4.198 + 5.500	= **9.698**

Height of Radius at individual Points at Base Line (1)

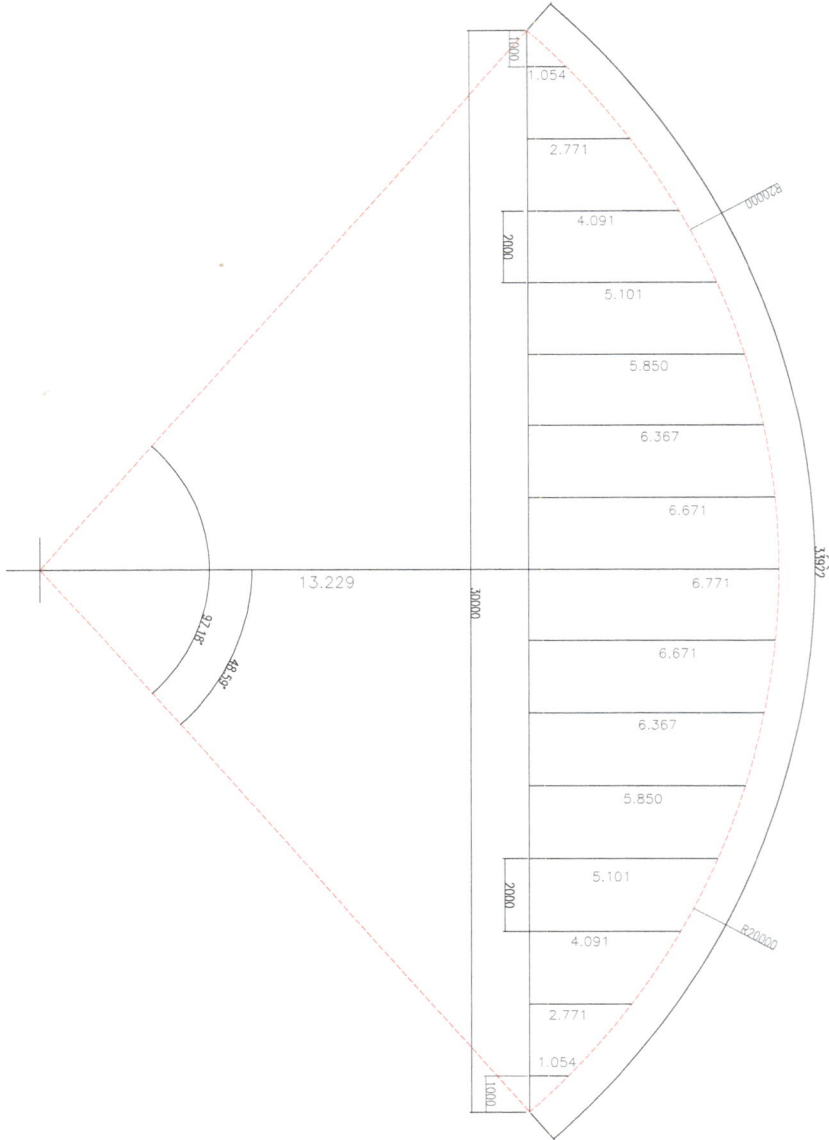

Height of Radius at individual Points at Base Line (1)

Radius 20.000 metres by a Chord Length of 30.000 metres

$97.180° \div 2 =$ **48.590**

$\therefore 30.000 \div 2 = 15.000 \div 20.000 =$ **in sine 48-35-25.36°**

Sine $48\text{-}35\text{-}25.36° \times 20.000 = 15 \times 2 =$ **30.000 Length of Chord**

Cos $48\text{-}36\text{-}25.36° \times 20.000 =$ **13.229 Centre of Radius to height of Chord**

$\therefore 20.000 - 13.229 =$ **6.771 Centre of Chord**

Offset from mid-point of Chord will be at 2.000 centres

2 Metres $\quad 20.000^2 - 2^2 = 400 - 4 = \sqrt{396.} = 19.899 - 13.229$
$$= \textbf{6.671}$$

4 Metres $\quad 20.0002 - 4^2 = 400 - 16 = \sqrt{384} = 19.596 - 13.229$
$$= \textbf{6.367}$$

6 Metres $\quad 20.0002 - 62 = 400 - 36 = \sqrt{364} = 19.078 - 13.229$
$$= \textbf{5.850}$$

8 Metres $\quad 20.000^2 - 8^2 = 400 - 64 = \sqrt{336} = 18.330 - 13.229$
$$= \textbf{5.101}$$

10 Metres $\quad 20.000^2 - 10^2 = 400 - 100 = \sqrt{300} = 17.320 - 13.229$
$$= \textbf{4.091}$$

12 Metres $\quad 20.0002 - 122 = 400 - 144 = \sqrt{256} = 16 - 13.229$
$$= \textbf{2.771}$$

14 Metres $\quad 20.0002 - 14^2 = 400 - 196 = \sqrt{204} = 14.282 - 13.229$
$$= \textbf{1.054}$$

15 Metres $20.000^2 - 152 = 400 - 225 = \sqrt{175} = 13.229 - 13.229$

$$= 0$$

Arc $\underline{97\text{-}10\text{-}50.72°}$
$\qquad 360° \times$ pi $3.141 \times 20.$ radius $\times 2 =$ **33.922 Arc**

Area $\underline{97\text{-}10\text{-}50.72°}$
$\qquad 360° \times$ pi $3.141 \times 20^2 =$ **339.225 square metres**

$\therefore 30.000 \div 2 = 15.000 \times 13.229 =$ **198.435 square metres**
$\qquad\qquad\qquad\qquad\qquad$ **Triangle**

$\therefore 339.225 - 198.435 \quad =$ **140.79 square metres Arc / chord**

Area of circle 20.00 Radius Pi $3.141 \times 20.000^2 =$ **1256.637**
$\qquad\qquad\qquad\qquad\qquad\qquad\qquad\qquad$ **square metres**
$\qquad\qquad\qquad\qquad\qquad\qquad\qquad\qquad$ **total Area of**
$\qquad\qquad\qquad\qquad\qquad\qquad\qquad\qquad$ **circle**

Percentage difference $\underline{140.79}$
$\qquad\qquad\qquad\qquad 1256.637 \times 100 =$ **11.203 % Arc / Chord**

$\underline{11.203}$
$\;\; 100 \times 1256.637 =$ **140.79% square metres Arc /Chord**

$1256.637 - 140.79 = 1115.847$

$1256.637 \times 100 =$ **88.796% + 11.203% = 100%**

Height of Radius at individual Points at Base Line (2)

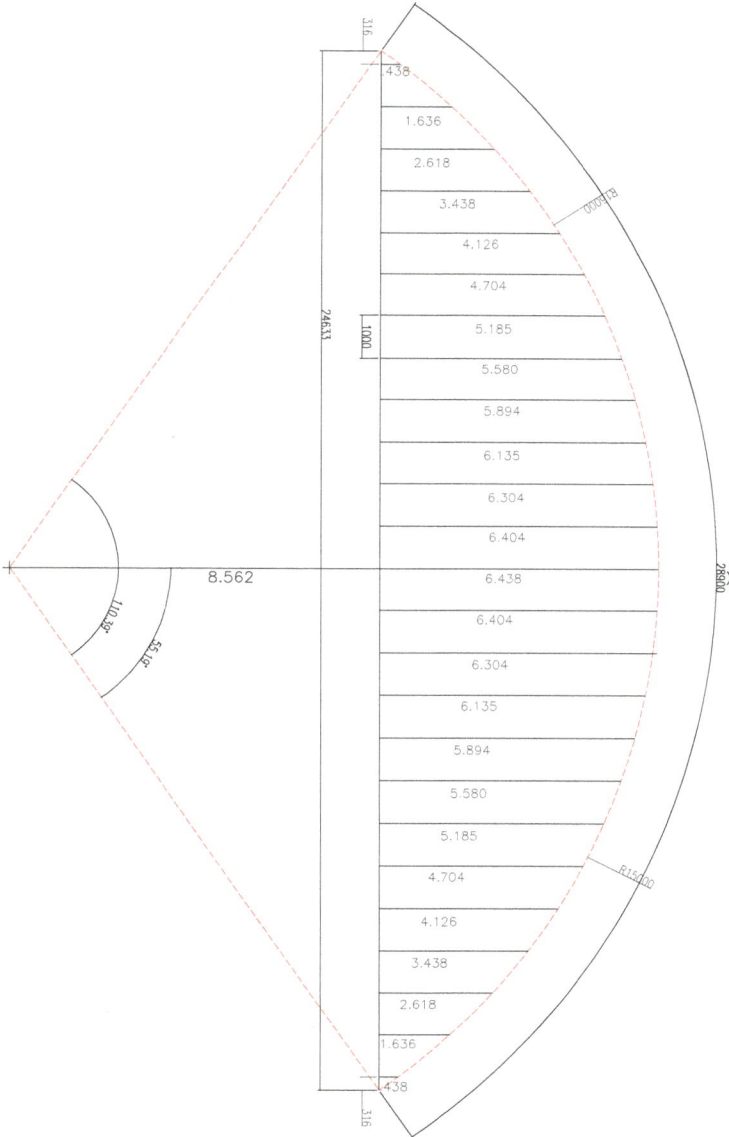

316

438

1.636

2.618

3.438

4.126

4.704

5.185

5.580

5.894

6.135

6.304

6.404

6.438

6.404

6.304

6.135

5.894

5.580

5.185

4.704

4.126

3.438

2.618

1.636

438

316

8.562

1000

246,83

R13000

29800

R15000

110.36°

55.18°

Height of Radius at individual Points at Base Line (2)

Radius 15.000 metres by a Chord Length of 24.633 metres

$110.390° \div 2 =$ **55.195°**

$\therefore 24.633 \div 2 = 12.316 \div 15 =$ **in sine 55-11-42.22°**

Sine $55\text{-}11\text{-}42.22° \times 15 = 12.316 \times 2 =$ **24.633 Length of Chord**

Cos $55\text{-}11\text{-}42.22° \times 15.000 =$ **8.562 Centre of Radius to height of Chord**

$\therefore 15.000 - 8.562 =$ **6.438 Centre of Chord**

Offset from mid-point of Chord will be at 1.000 centres

1 Metres $15.000^2 - 1^2 = 225 - 1 = \sqrt{224} = 14.966 - 8.562$
$$= \textbf{6.404}$$

2 Metres $15.000^2 - 2^2 = 225 - 4 = \sqrt{221} = 14.866 - 8562$
$$= \textbf{6.304}$$

3 Metres $15.000^2 - 32 = 225 - 9 = \sqrt{216} = 14.697 - 8.562$
$$= \textbf{6.135}$$

4 Metres $15.000^2 - 42 = 225 - 16 = \sqrt{209} = 14.457 - 8.562$
$$= \textbf{5.894}$$

5 Metres $15.000^2 - 52 = 225 - 25 = \sqrt{200} = 14.142 - 8.562$
$$= \textbf{5.580}$$

6 Metres $15.000^2 - 62 = 225 - 36 = \sqrt{189} = 13.748 - 8.562$
$$= \textbf{5.185}$$

7 Metres $15.000^2 - 72 = 225 - 49 = \sqrt{176} = 13.266 - 8.562$
$$= \textbf{4.704}$$

8 Metres $15.000^2 - 82 = 225 - 64 = \sqrt{161} = 12.688 - 8.562$
$$= 4.126$$

9 Metres $15.000^2 - 92 = 225 - 81 = \sqrt{144} = 12.000 - 8.562$
$$= 3.438$$

10 Metres $15.000^2 - 102 = 225 - 100 = \sqrt{125} = 11.180 - 8.562$
$$= 2.618$$

11 Metres $15.000^2 - 112 = 225 - 121 = \sqrt{104} = 10.198 - 8.562$
$$= 1.636$$

12 Metres $15.000^2 - 122 = 225 - 144 = \sqrt{81} = 9 - 8.562$
$$= 438$$

12.316 Metres $15.000^2 - 12.316^2 = 225 - 151.683 = \sqrt{73.317} =$
$8.562 - 8.562$
$$= 0$$

Arc $\underline{110\text{-}23\text{-}24.44}$
$360 \times$ pi $3.141 \times 15.000 \times 2 =$ **28.900 Arc**

Area $\underline{110\text{-}23\text{-}24,44}$
$360 \times$ pi $3.141 \times 15.000^2 =$ **216.750 square metres**

$\therefore 24.632 \div 2 = 12.316 \times 8.562 =$**105.449 square metres**
Triangle

$\therefore 216.75 - 105.449 =$ **111.301 square metres Arc / Chord**

Area of circle 15.000 Radius pi $3.141 \times 15.000^2 =$ **706.858**
square metres
total Area of
circle

Percentage difference $\underline{111.301}$
$706.858 \times 100 =$ **15.746 % Arc / Chord**

Height of Radius at individual Points at Base Line (2)

$$\frac{15.746}{100} \times 706.858 = \text{111.301\% square metres Arc /Chord}$$

$$706.449 - 111.301 = \frac{595.148}{706.449} \times 100 = \text{84.245\% + 15.746\% = 100\%}$$

Height of Radius at individual Points at Base Line (3)

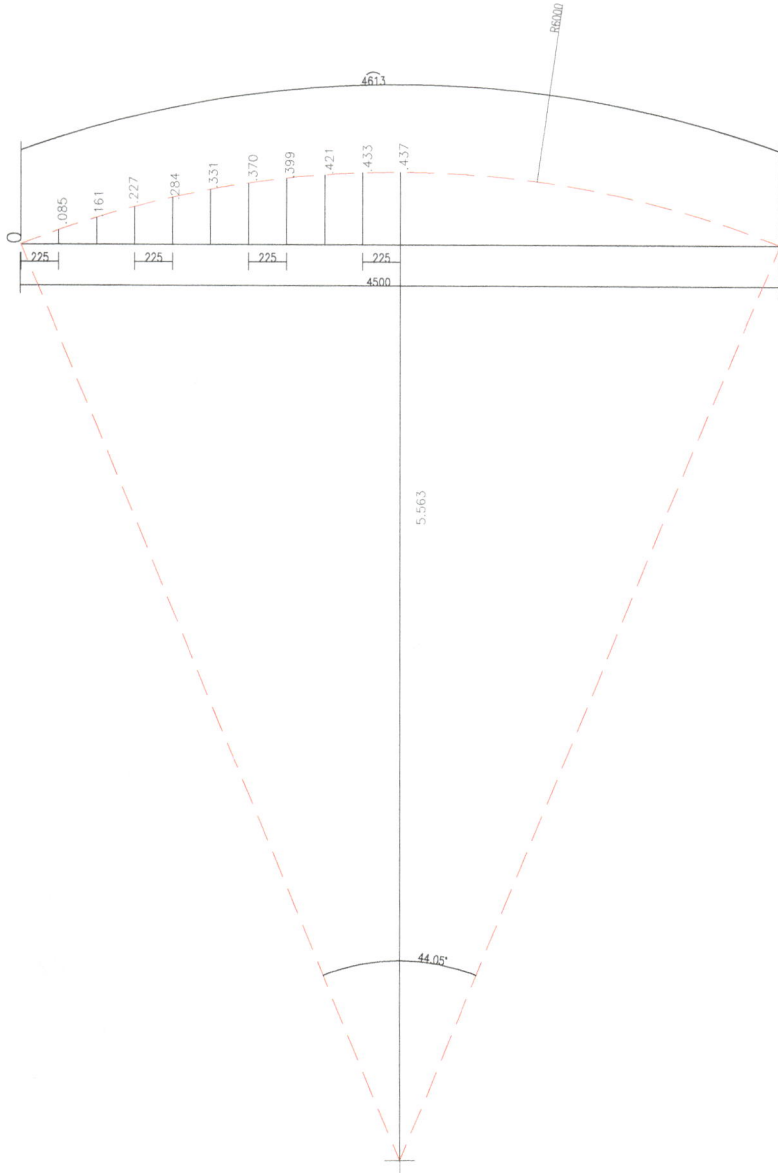

Height of Radius at individual Points at Base Line (3)

Radius 6.000 metres by a chord Length of 4.500 metres

∴ 4.500 ÷ 2 = 2.250 ÷ 6.000 = **in sine 22-1-27.53°**

Sine 22-1-27.53° × 6.000 = × 2 = 4.500 **Length of Chord**

Cos 22-1-27.53° × 6.000 = **5.562 Centre of Radius to height of Chord**

∴ 6.000 – 5.562 = **.438 Centre of Chord**

Offset from mid-point of Chord will be at .225 centres

.225 $6^2 - 2252 = 36 - 0.050625 = \sqrt{35.949375} = 5.996 - 5.562$
$$= .433$$

.450 $6^{2-}.450^2 = 36 - 0.2025 = \sqrt{45.7975.} = 5.983 - 5.562$
$$= .421$$

.675 $6^{2-}.675^2 = 36 - 0.455625 = \sqrt{35.544375} = 5.962 - 5.562$
$$= .400$$

.900 $6^2 - .900^2 = 36 - .81 = \sqrt{35.19} = 5.932 - 5.562$
$$= .370$$

1.125 $6^2 - 1.1252 = 36 - 1.265625 = \sqrt{34.734} = 5.893 - 5.562$
$$= .331$$

1.350 $6^{2-}1.3502 {}^= 36 - 1.8225 = \sqrt{34.1775} = 5.846 - 5.562$
$$= .284$$

1.575 $6^{2-}1.5752 {}^= 36 - 2.480625 = \sqrt{33.519375} = 5.789 - 5.562$
$$= .227$$

1.800 $6^2 - 1.800^2 = 36 - 3.24 = \sqrt{32.76} = 5.723 - 5.562$

$$= .161$$

2.025 $6^2 - 2.025^2 = 36 - 4.100625 = \sqrt{31.899} = 5.6480 - 5.562$

$$= .85$$

2.250 $6^2 - 2.250^2 = 36 - 5.0625 = \sqrt{30.9375} = 5.562 - 5.562$

$$= 0$$

Arc $\dfrac{44\text{-}2\text{-}55.06°}{360° \times \text{pi } 3.141 \times 6.000 \times 2}$ = **4.613 Arc**

Area $\dfrac{44\text{-}2\text{-}55.06°}{360° \times \text{pi } 3.141 \times 6.000^2}$ = **13.838 square metres**

∴ $4.500 \div 2 = 2.250 \times 5.562 =$ **12.5145 square metres Triangle**

∴ $13.838 - 12.5145 =$ **1.3235 square metres Arc / Chord**

Area of circle 6.000 Radius $\times$ pi $3.141 \times 6^2 =$ **113.097 square metres total Area of circle**

Percentage difference $\dfrac{1.3235}{113.097} \times 100 =$ **1.170 % Arc / Chord**

$\dfrac{1.170}{100} \times 113.097 =$ **1.323% square metres Arc /Chord**

$113.097 - 1.3235 = \dfrac{111.7734}{113.097} \times 100 =$ **98.830% + 1.32% = 100%**

Height of Radius at individual Points at Base Line (4)

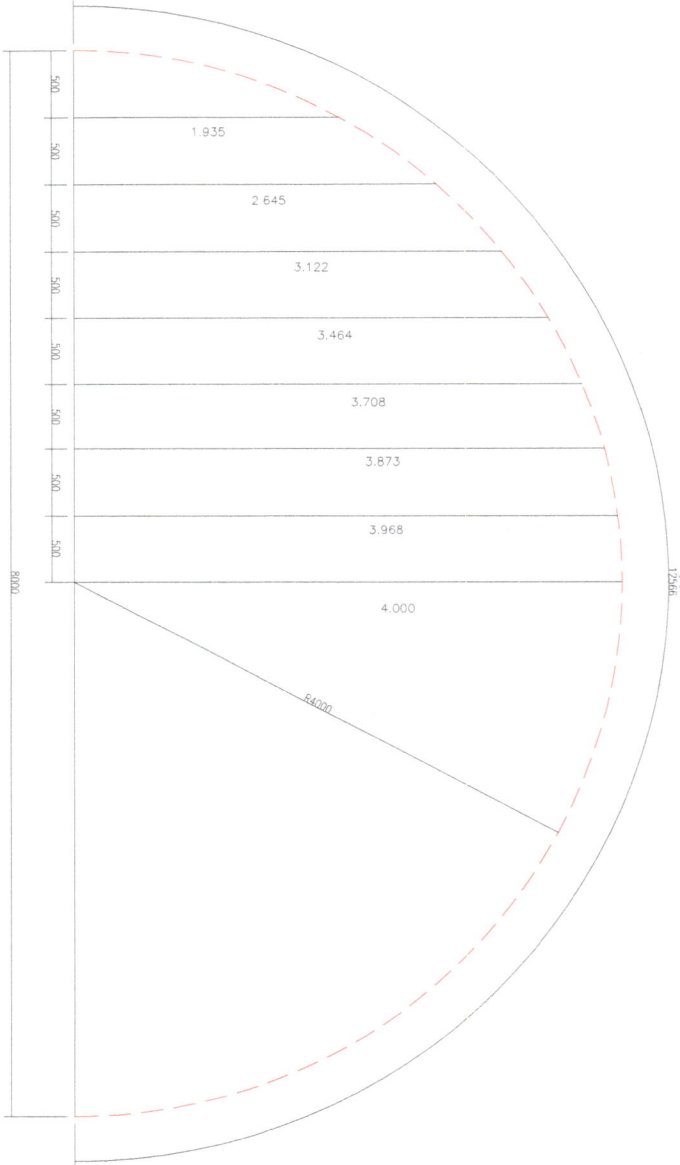

Height of Radius at individual Points at Base Line (4)

Radius 4.000, chord 8.000

Start 4.000 high

$.500^2 \, 4^2 - .500^2 \, 16 - 0.25 = \sqrt{15.75} = 3.968$ = **3.968**

$1.000^2 \, 4^2 - 12^{16} - 1 = \sqrt{15} = 3.873$ = **3.873**

$1.500^2 \, 42 - 1.5^2 \, 16 - 2.25 = \sqrt{13.75} = 3.708$ = **3.708**

$2.000^2 \, 4^2 - 2^{2 \, 16} - 4 = \sqrt{12} = 3.464$ = **3.464**

$2.500^2 \, 4^{2-} \, 2.52 \, 16 - 6.25 = \sqrt{9.75} = 3.122$ = **3.122**

$3.000^2 \, 42 - 3^{2 \, 16} - 9 = \sqrt{7} = 2.645$ = **2.645**

$3.500^2 \, 4^{2-} \, 3.5^2 \, 16 - 12.25 = \sqrt{3.75} = 1.936$ = **1.936**

$4.000^2 \, 4^{2-} \, 42 \sqrt{16} - 16 = 0$ = **0**

Arc $\dfrac{180°}{360°} \times$ pi $3.141 \times 4 \times 2$ = **12.566 Arc**

Area $\dfrac{180}{360} \times$ pi 3.141×4^2 = **25.133 square metres**

105

How to form part of a Circle from 1 section or add as you require (1)

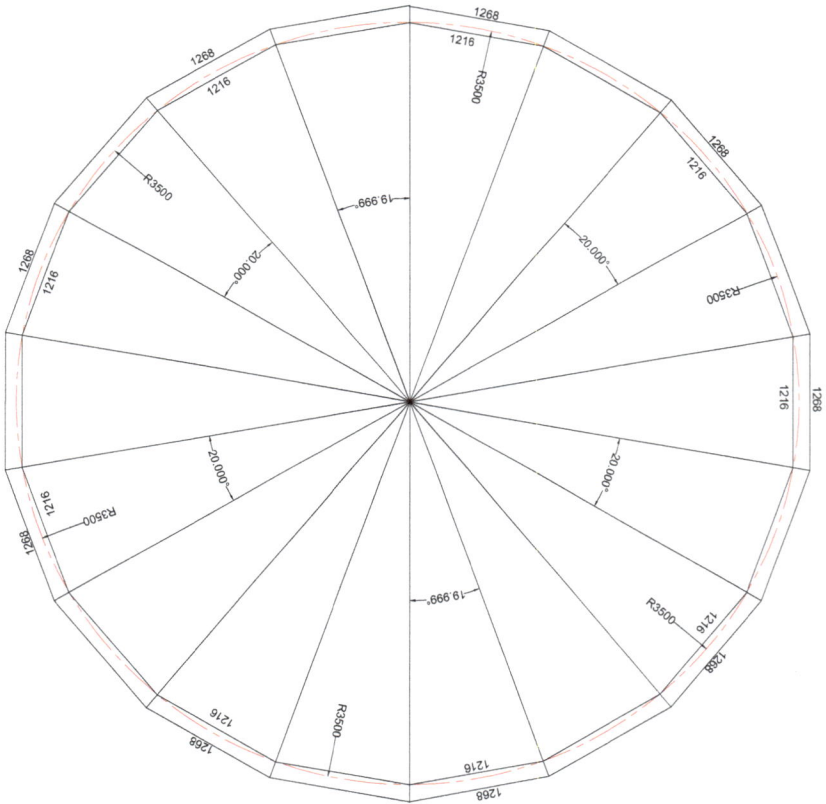

How to form part of a Circle from 1 section or add as you require (1)

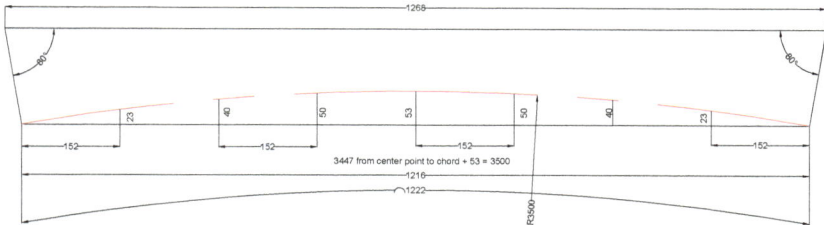

How to form part of a Circle from 1 section or add as you require (1)

Radius 3.500, Chord of Section 1.216

$3.500 \times$ Sine $10° = .608 \times 2 =$ **1.216 Section of Chord**

$3.500 \times$ Cos $10° =$ **3.447 Section Height to Chord**

.152 $3.500^2 - .152^2 = 12.250 - 0.023104 =$
$\sqrt{12.226896} = 3.497 - 3.447 =$ **50**

.304 $3.5002 - .304^2 = 12.250 - 0.092416 =$
$\sqrt{12.157584} = 3.486 - 3.447 =$ **40**

.456 $3.500^2 - .456^2 = 12.250 - 0.207936 =$
$\sqrt{12.042064} = 3.470 - 3.447 =$ **.023**

.608 $3.500^2 - .608^2 = 12.250 - 0.369664 =$
$\sqrt{11.880336} = 3.447 - 3.447 =$ **0**

Arc 20°
$\dfrac{360° \times \text{pi } 3.141 \times 3.500 \times 2}{360} =$ **1.222 Part Circumference**

$360 \times$ pi $3.141 \times 3.500 \times 2 \quad =$ **21.991 Overall Circumference**

How to form part of a Circle from
1 section or add as you require (2)

Typical example for setting out
a profile for a given radius

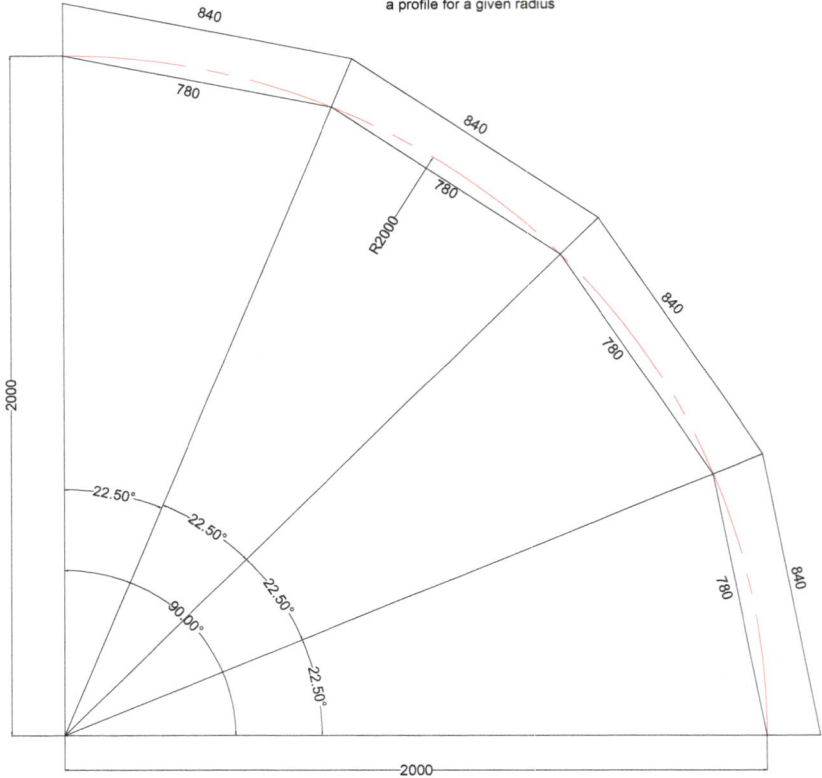

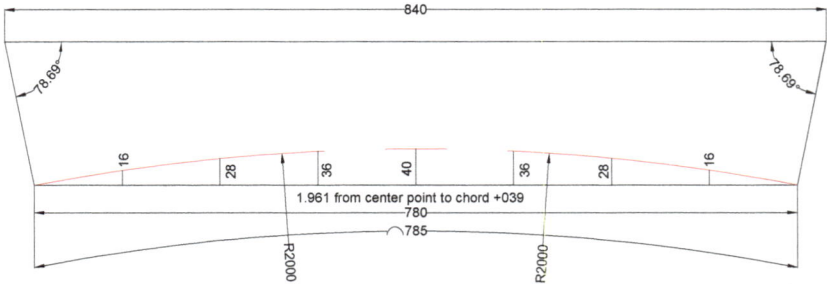

840

780

840

780

R2000

840

780

840

780

840

2000

22.50°

22.50°

22.50°

90.00°

22.50°

22.50°

2000

840

78.69°

78.69°

16

28

36

40

36

28

16

1.961 from center point to chord +039

780

⌒785

R2000

R2000

How to form part of a Circle from 1 section or add as you require (2)

2 metre Radius & 90°angle dived by 4 = 22-30-00°

Arc $\dfrac{90\text{-}00\text{-}00°}{360° \times \text{pi } 3.141 \times 2 \times 2}$ = **3.142 Arc**

Part Arc $\dfrac{22\text{-}30\text{-}00°}{360° \times \text{pi } 3.141 \times 2 \times 2}$ = **.785 Part Arc**

∴ .785 × 4 = **3.142 Arc**

22-30-00° ÷ 2 = 11-15-00° ∴Sine 11-15-00° = 0.19509032201 × 2.000 = 0.390 × 2 = **.780 Part Chord**

90-00-00° ÷ 2 = 45-00-00° ∴ Sine 45-00-00° = 0.70710678118 × 2.000 = 1.414 × 2.000 = **2.828 Chord**

Cos 11-15-00° = 0.9807852804 × 2.000 = **1.961**

2.000 − 1.961 = **.038**

$2.000^2 - .100^2 \sqrt{4 - 0.01} = 3.99 = 1.997 - 1.961$ = **.036**

$2.000^2 - .200^2 \sqrt{4 - .04} = 3.96 = 1.989 - 1.961$ = **.029**

$2.000^2 - .300^2 \sqrt{4 - .09} = 3.91 = 1.977 - 1.961$ = **.016**

$2.000^2 - .390^2 \sqrt{4 - .1521} = 3.8479 = 1.961 - 1.961$ = **0**

How to form part of a Circle from 1 section or add as you require (3)

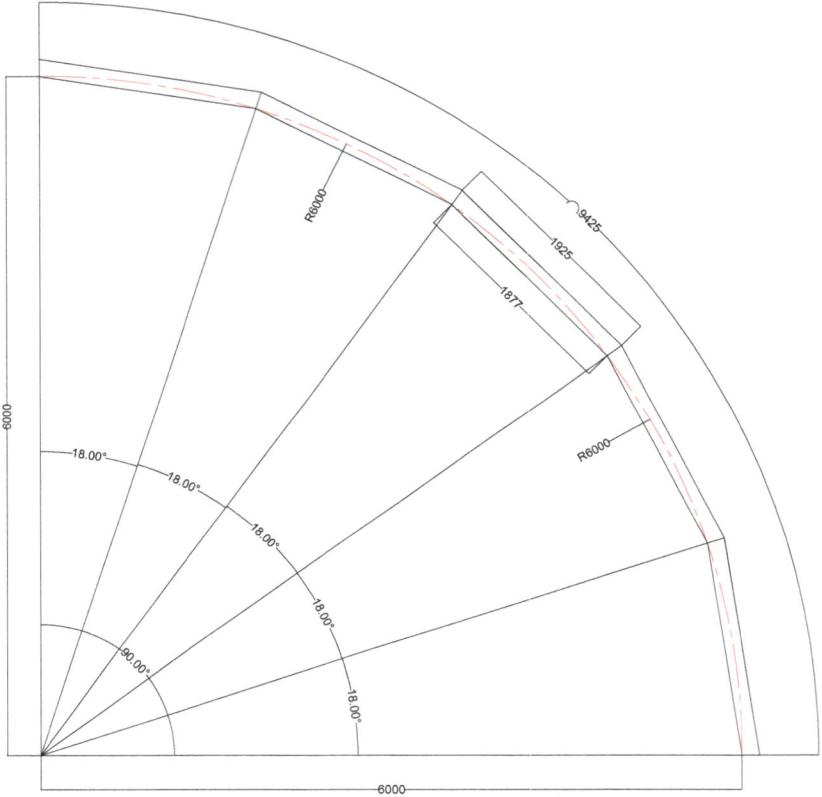

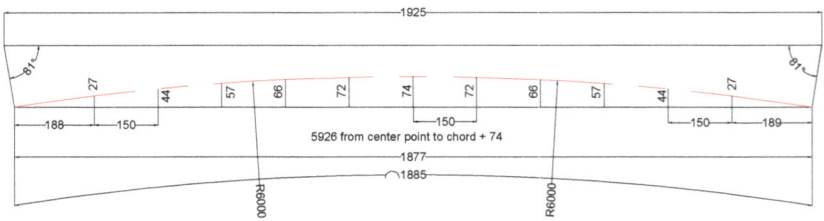

R6000

6000

18.00°

18.00°

18.00°

18.00°

90.00°

18.00°

R6000

9425

1925

1877

R6000

6000

1925

81

27

44

57

66

72

74

72

66

57

44

27

81

188

150

150

189

150

5926 from center point to chord + 74

1877

1885

R6000

R6000

How to form part of a Circle from 1 section or add as you require (3)

6-metre Radius 90-00-00° Angle

Arc $\underline{90\text{-}00\text{-}00°}$
    $360° \times$ pi $3.141 \times 6 \times 2$ = **9.425 Arc**

Arc $\underline{18\text{-}00\text{-}00°}$
    $360 \times$ pi $3.141 \times 6 \times 2 =$ **1.885**

$6.000^2 + 6.000^2 = \sqrt{72} =$ **8.485**

18-00-00° ÷ 2 = 9-00-00° Sine 9-00-00° =
$0.15643446504 \times 6 = 0.939 \times 2 =$ **1.877 Chord**

18-00-00° ÷ 2 =9-00-00° Cos 9-00-00° = $0.988 \times 6 =$ **5.926**

$6.000 - 5.926 =$ **74**

$6.000^2 - .150^2 \sqrt{36} - 0.0225 = 35.9775 = 5.998 - 5.926 =$ **72**

$6.000^2 - .300^2 \sqrt{36} - 0.09 = 35.91 = 5.992 - 5.926 =$ **66**

$6.000^2 - .450^2 \sqrt{36} - 0.2025 = 35.7975 = 5.983 - 5.926 =$ **57**

$6.000^2 - .600^2 \sqrt{36} - 0.36 = 35.64 = 5.970 - 5.926 =$ **44**

$6.000^2 - .750^2 \sqrt{36} - 0.5625 = 35.4375 = 5.953 - 5.926 =$ **27**

$6.000^2 - .939^2 \sqrt{36} - 0.881721 = 35.118279 = 5.926 - 5.926 =$ **0**

111

How to form part of a Circle from 1 section or add as you require (4)

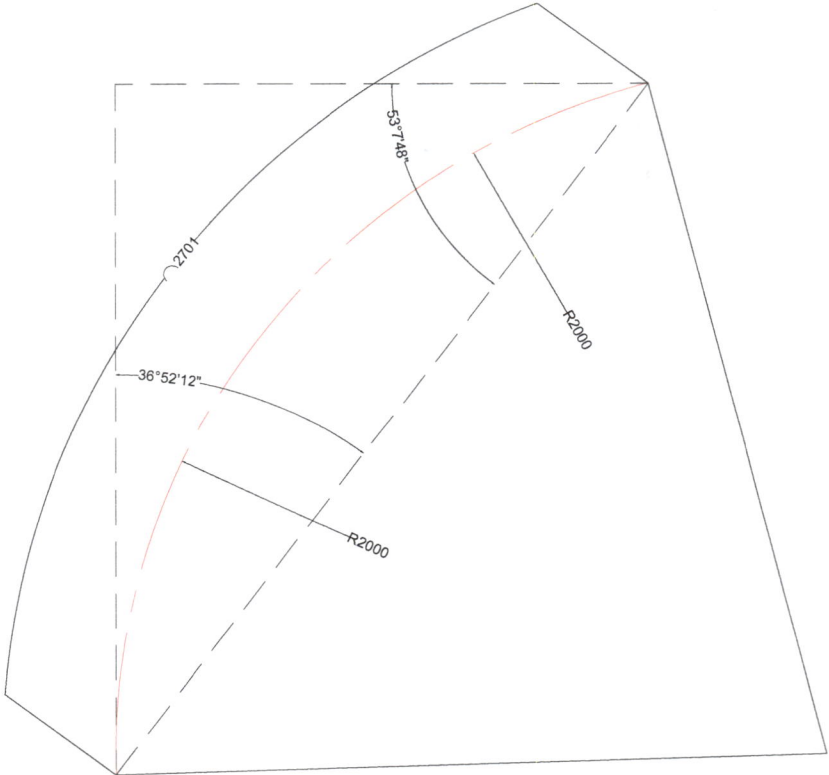

- 53°7'48"
- 270'
- 36°52'12"
- R2000
- R2000

How to form part of a Circle from 1 section or add as you require (4)

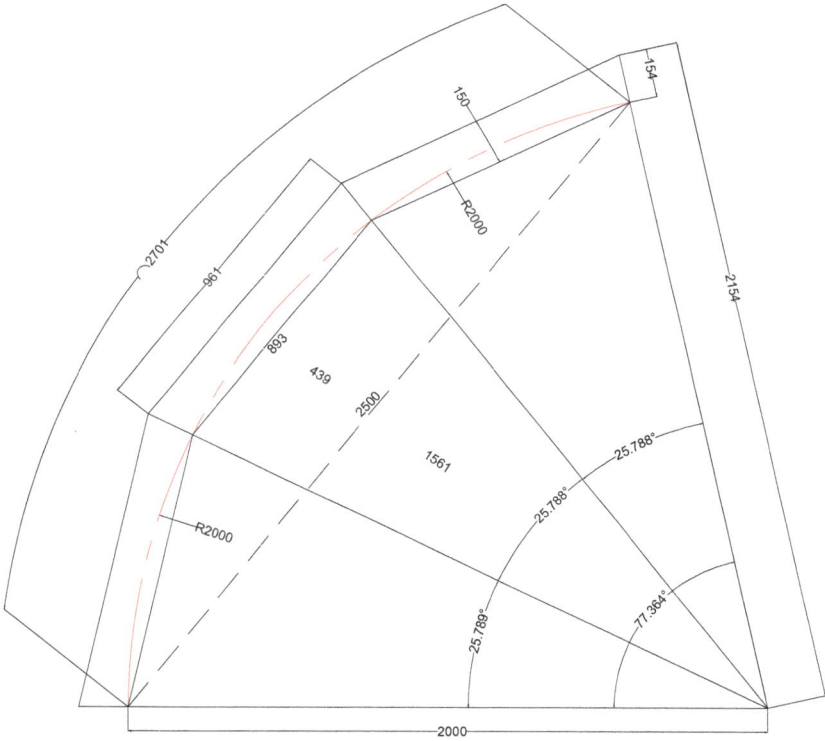

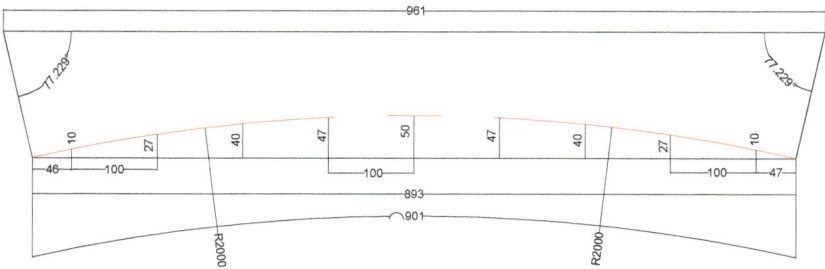

How to form part of a Circle from 1 section or add as you require (4)

$1.5 \div 2 =$ **Inv Tan 36-52-12°**

$2 \div 1.5 =$ **Inv Tan 53-7-48°**

$36\text{-}52\text{-}12° + 53\text{-}7\text{-}48° + 90° =$ **180°**

$2^2 + 1.5 = \sqrt{6.250} =$ **2.500 Long Chord**

$77\text{-}21\text{-}52° \div 2 =$ **38-40-56°**

$\therefore$ Sine $38\text{-}40\text{-}56° \times 2R = 1.250 \times 2 =$ **2.500 Long Chord**

Cos $38\text{-}40\text{-}56° \times 2R =$ **1.561 Centre Point to Chord**

$\therefore 2 - 1.561 =$ **.439 Centre Point of Chord to Arc**

Sine $25\text{-}47\text{-}17° \div 2 =$ **12-53-38.5°**

$\therefore$ Sine $12\text{-}53\text{-}38.5° \times 2R \times 2 =$ **.893 Short Chord**

Cos $12\text{-}53\text{-}38.5° \times 2R =$ **1.950 Centre Point to Short Chord**

$\therefore 2R - 1.950 =$ **.050**

$2^2 - .100^2 = \sqrt{4.000} - .010 = 3,990 = 1.997 - 1.950 =$ **.047**

$22 - .200^2 = \sqrt{4.000} - .040 = 3.960 = 1.990 - 1.950 =$ **.040**

$22 - .300^2 = \sqrt{4.000} - .090 = 3.910 = 1.977 - 1.950 =$ **.027**

$22 - .400^2 = 4.000 - .160 = 3.840 = 1.960 - 1.950 =$ **.010**

$\dfrac{25\text{-}47\text{-}17°}{360°} \times$ pi $3.141 \times 2 \times 2 =$ **.900 Arc**

$\dfrac{77\text{-}21\text{-}52°}{360°} \times$ pi $3.141 \times 2 \times 2 =$ **2.701 Arc**

Integration of an Ellipse Circle

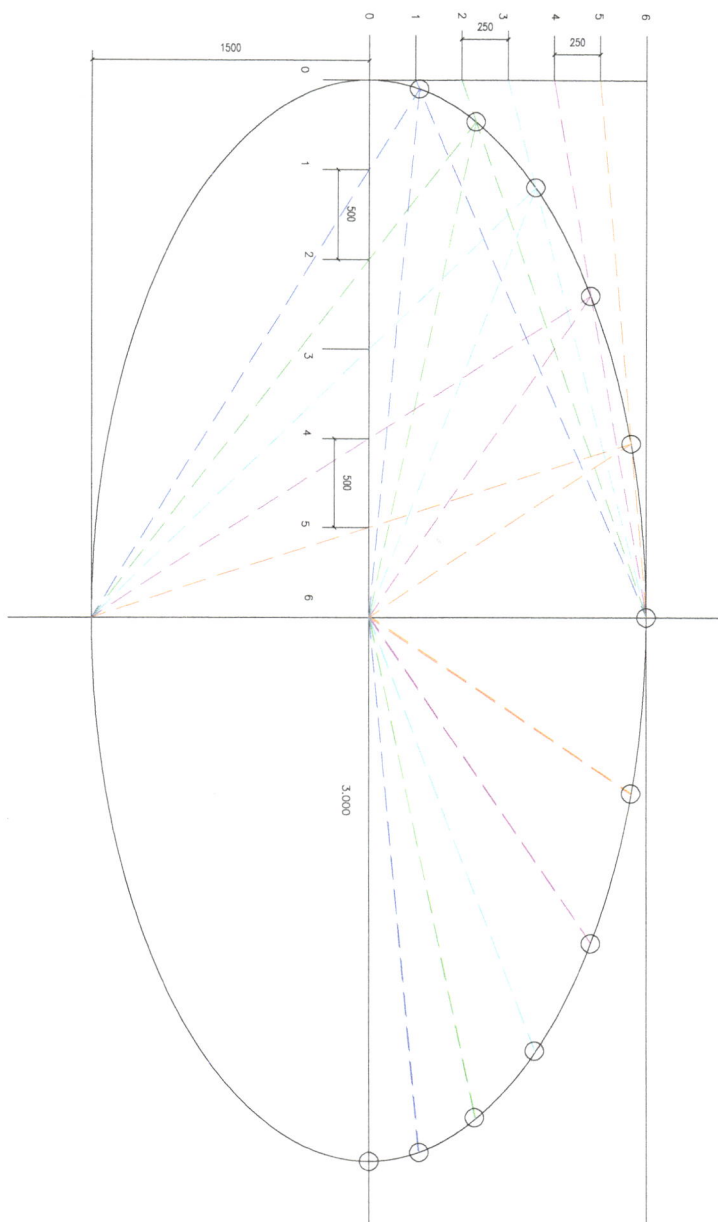

Integration of an Ellipse Circle

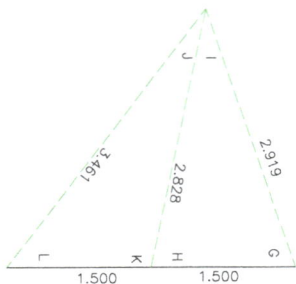

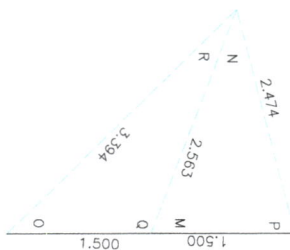

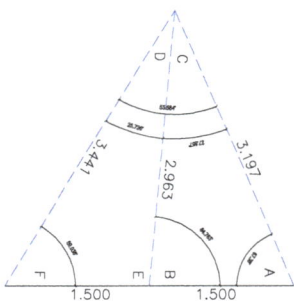

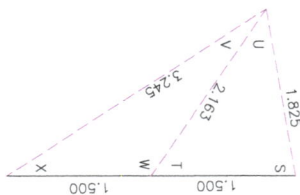

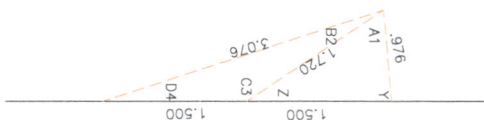

Integration of an Ellipse Circle

Blue, Angles & Distances

(A, 67.380°) (B, 84.764°) (C, 27.856°) (D, 25.728°) (E, 95.236°) (F 59.036°)

A) $3 \div 1.250$ = in tan 67.380°

F) $2.5 \div 1.5$ = in tan 59.036°

$180° - 67.380° - 59.036°$ = 53.584°

$$\frac{3 \times \text{sine } 67.380°}{\text{Sine } 53.584°}$$ = 3.441

$$\frac{3 \times \text{sine } 59.036°}{\text{Sine } 53.584°}$$ = 3.197

Sine 67.380° × 3.197 = 2.950

Cos 67.380° × 3.197 = 1.230

$1.5 - 1.230$ = .270

$2.950^2 + .270^2 = \sqrt{8.775}$ = 2.963

Sine 59.036° × 3.441 = 2.950

Cos 59.036° × 3.441 = 1.770

$1.770 - 1.5$ = .270

$2.950^2 + .270^2 = \sqrt{8.775}$ = 2.963

$$\frac{1.5^2 + 3.197^2 - 2.963}{2 \times 1.5 \times 3.197} = \text{in cos } .385$$ = 67.380°

$$\frac{3.197^2 + 2.963^2 - 1.5^2}{2 \times 3.197 \times 2.963} = \text{in cos}.884 \qquad = \textcolor{orange}{27.856°}$$

$$\frac{3.441^2 + 2.963^2 - 1.5^2}{2 \times 3.441 \times 2.963} = \text{in cos }.901 \qquad = \textcolor{orange}{25.728°}$$

$$180° - 67.380° - 27.856° \qquad = \textcolor{orange}{84.764°}$$

$$180° - 59.036° - 25.728° \qquad = \textcolor{orange}{95.236°}$$

$$\frac{(2.963^2 + 1.5^2) - (2 \times 2.963 \times 1.5 \times \cos 84.764}{(11.029) - (.811)}$$
$$\sqrt{10.218} \qquad = \textcolor{orange}{3.197}$$

$$\frac{(2.936^2 + 1.5^2) - (2 \times 2.936 \times 1.5 \times \cos 95.236°)}{(11.029) - (-.811)}$$
$$\sqrt{11.841} \qquad = \textcolor{orange}{3.441}$$

Integration of an Ellipse Circle

Green Angles & Distances

(G 71.565°) (H 78.229°) (I 30.206°) (J 25.105°) (K 101.765°) (L 53.130°)

$$3 \div 1 \qquad = \textcolor{orange}{71.565°}$$

$$2 \div 1.5 \qquad = \textcolor{orange}{53.130°}$$

$$180° - 71.565° = 53.130° \qquad = \textcolor{orange}{55.305°}$$

$$\frac{3 \times \text{sine } 71.565°}{\text{Sine } 55.305°} \qquad = \textcolor{orange}{3.461}$$

$\dfrac{3 \times \text{sine } 53.130°}{\text{Sine } 55.305°}$ = **2.919**

Sine 71.565° × 2.919 = **2.769**

Cos 71.565° × 2.919 = **.923**

1.5 − .923 = **.577**

$2.769^2 + .577^2 = \sqrt{8.000}$ = **2.828**

Sine 53.130° × 3.461 = **2.769**

Cos 53.130° × 3.461 = **2.077**

$\dfrac{2.769^2 + 2.077^2 \sqrt{11.981}}{2.919^2 + 2.828^2 - 1.5^2}$ = **3.461**

2 × 2.919 × 2.828 = .864 = **in cos 30.206°**

$\dfrac{3.461^2 + 2.828^2 - 1.5^2}{2 \times 3.461 \times 2.828} = .906$ = **in cos 25.105°**

180° − 71.565° = 30.206° = **78.229°**

180° − 53.130° − 25.105° = **101.765°**

$\dfrac{(2.919^2 + 1.5^2) - (2 \times 2.919 \times 1.5 \times \cos 71.565°)}{(10.771) - (2.769)}$

$\sqrt{8001}$ = **2.828**

$\dfrac{(2.828^2 + 1.5^2) - (2 \times 2.828 \times 1.5 \times \cos 78.229°)}{(10.248) - (1.731)}$

$\sqrt{8.517}$ = **2.919**

$\dfrac{(3.461^2 + 1.5^2) - (2 \times 3.461 \times 1.5 \times \cos 53.130°)}{(14.229) - (6.230)}$

$\sqrt{7.999}$ = **2.828**

$$\frac{(2.828^2 + 1.5^2) - (2 \times 2.828 \times 1.5 \times \cos 101.765°)}{(10.248) - (-1.730)}$$

$\sqrt{11.977}$ $= 3.461$

Integration of an Ellipse Circle

Cyan Angles & Distances

(M 69.444°) (N 34.593°) (0 45°) (P 75.965°) (Q 110.556°) (R 24.444°)

$3 \div .750$ $= 75.965°$

$2.4 \div .900$ $= 69.444°$

$180° - 75.964° - 45°$ $= 59.036°$

$\dfrac{3 \times \text{sine } 75.964°}{\text{Sine } 59.036°}$ $= 3.394$

$\dfrac{3 \times \text{sine } 45°}{\text{Sine } 59.036°}$ $= 2.474$

Sine 75.964° × 2.474 $= 2.400$

Cos 75.964° × 2.474 $= .600$

$1.5 - .600$ $= .900$

$2.4^2 + .900^2 = \sqrt{6.570}$ $= 2.563$

Sine 45° × 3.394 $= 2.400$

Cos 45° × 3.394 $= 2.400$

$2.4^2 + 2.4^2\sqrt{11.520}$ $= 3.394$

$$\frac{2.474^2 + 2.563^2 - 1.5^2}{2 \times 2.474 \times 2.563} = .823 \qquad\qquad = \text{in cos } 34.593°$$

$$\frac{3.394^2 + 2.563^2 - 1.5^2}{2 \times 3.394 \times 2.563} = .910 \qquad\qquad = \text{in cos } 24.444°$$

$$180° - 75.964° - 34.593° \qquad\qquad = 69.444°$$

$$180° - 45° - 24.444° \qquad\qquad = 110.556°$$

$$\frac{(2.474^2 + 1.5^2) - (2 \times 2.474 \times 1.5 \times \cos 75.964°)}{(8.371) - (1.800) \quad \sqrt{6.571}} \qquad = 2.563$$

$$\frac{(2.563^2 + 1.5^2) - (2 \times 2.563 \times 1.5 \times \cos 69.444)}{(8.819) - (2.700) \quad \sqrt{6.119}} \qquad = 2.474$$

$$\frac{(3.394^2 + 1.5^2) - (2 \times 3.394 \times 1.5 \times \cos 45°)}{(13.769) - (7.200) \quad \sqrt{6.569}} \qquad = 2.563$$

$$\frac{(2.563^2 + 1.5^2) - (2 \times 2.563 \times 1.5 \times \cos 110.536)}{(8.819) - (-2.697) \sqrt{11.516}} \qquad = 3.394$$

Integration of an Ellipse Circle

Magenta Angles & Distances

(S 80.538°) (T 56.305°) (U 43.157°) (W 123.696°) (V 22.614°) (X 33.690°)

$$3 \div .500 \qquad\qquad\qquad = \text{in tan } 80.538°$$

$$1 \div 1.5 \qquad\qquad\qquad = \text{in tan } 33.690°$$

$$180° - 80.538° - 33.690° \qquad\qquad = 65.772°$$

$$\frac{3 \times \text{sine } 80.538°}{\text{Sine } 65.772°} \qquad\qquad = 3.245$$

$3 \times$ sine $33.690°$

Sine $65.772°$	$= 1.825$
Sine $80.538° \times 1.825$	$= 1.800$
Cos 80.538×1.825	$= .300$
$1.5 - .300$	$= 1.200$
$1.800^2 + .300^2 \sqrt{3.330}$	$= 1.825$
Sine $33.690° \times 3.245$	$= 1.800$
Cos $33.690° \times 3.245$	$= 2.700$
$2.700 - 1.5$	$= .300$
$1.800^2 + 1.200^2 \sqrt{4.680}$	$= 2.163$

$$\frac{2.163^2 + 1.825^2 - 1.5^2}{2 \times 2.163 \times 1.825} = .729 \qquad = \text{in cos } 43.157°$$

$$\frac{3.245^2 + 2.163^2 - 1.5^2}{2 \times 3.245 \times 2.163} = .923 \qquad = \text{in cos } 22.614°$$

$180° - 80.538° - 43.157°$	$= 56.305°$
$180° - 33.690° - 22.614°$	$= 123.696°$

$$\frac{(1.825^2 + 1.5^2) - (2 \times 1.825 \times 1.5 \times \cos 80.538°)}{(5.581) - (.900) = \sqrt{4.681}} \qquad = 2.163$$

$$\frac{(2.163^2 + 1.5^2) - (2 \times 2.163 \times 1.5 \times \cos 56.305°)}{(6.929) - (3.600) = \sqrt{3.329}} \qquad = 1.825$$

$$\frac{(3.245^2 + 1.5^2) - (2 \times 3.245 \times 1.5 \times \cos 33.690°)}{(12.780) - (8.100) = \sqrt{4.680}} \qquad = 2.163$$

$$\frac{(2.163^2 + 1.5^2) - (2 \times 2.163 \times 1.5 \times \cos 123.696°)}{(6.929) - (-3.600) = \sqrt{10.529}} \qquad = 3.245$$

Integration of an Ellipse Circle

Brown Angles & Distances

(Y 85.236°) (Z 34.439°) (A1 60.3247°) (B2 16.004°)
(C3 145.561°) (D4 18.435°)

$3 \div .250^2$ = **inv tan 85.236°**

$.500 \div 1.5$ = **inv tan 18.435°**

$180° - 85.236° - 18.435°$ = **76.329**

$\dfrac{3 \times \text{sine } 85.236}{\text{Sine } 76.329°}$ = **3.077**

$\dfrac{3 \times \text{sine } 18.435°}{\text{Sine } 76.329°}$ = **.976**

Sine 85.236° × .976 = **.973**

Cos 85.236° .976 = **.081**

$1.5 - .081$ = **1.419**

$.973^2 + .081^2 = \sqrt{.953}$ = **.976**

$.973^2 - 1.419^2 = \sqrt{2.960}$ = **1.720**

Sine 18.435° × 3.077 = **.973**

Cos 18.435 × 3.077 = **2.919**

$2.919^2 + .973^2 = \sqrt{9.467}$ = **3.077**

$\dfrac{3.077^2 + 1.720^2 - 1.5^2}{2 \times 3.077 \times 1.720 = .961}$ = **in cos 15.971°**

$$\frac{3.077^2 + 1.5^2 - 1.720^2}{2 \times 3.077 \times 1.5} = .949 \qquad \text{= in cos } 18.391°$$

$$\frac{1.720^2 + 1.5^2 - 3.077^2}{2 \times 1.720 \times 1.5} = -825 \qquad \text{= in cos } 145.638°$$

$$15.971° + 18.391° + 145.638° \qquad = 180°$$

$$\frac{1.720^2 + .976^2 - 1.5^2}{2 \times 1.720 \times .976} = .495 \qquad \text{= in cos } 60.349°$$

$$\frac{1.720^2 + 1.5^2 - .976}{2 \times 1.720 \times 1.5} = .825 \qquad \text{= in cos } 34.435°$$

$$\frac{1.5^2 + .976^2 - 1.720}{2 \times 1.5 \times .976} = .083 \qquad \text{= in cos } 85.216°$$

$$60.349° + 34.435° + 85.216° \qquad = 180°$$

$$\frac{(.976^2 + 1.5^2) - 2 \times .976 \times 1.5 \times \cos 85.216°}{(3.203) - (.244)}$$
$$\sqrt{2.958} \qquad = 1.720$$

Integration of an Ellipse Circle

Brown Angles & Distances

$$\frac{(3.076^2 + 1.5^2) - 2 \times 3.076 \times 1.5 \times \cos 18.391°}{(11.712) - (8.757)}$$
$$\sqrt{2.955} \qquad = 1.720$$

$$\frac{(1.720^2 + 1.5^2) - (2 \times 1.720 \times 1.5 \times \cos 34.435°)}{(5.208) - (4.256)}$$
$$\sqrt{.953} \qquad = .976$$

Segmental Arc, Given Height and Width of the Dimensions

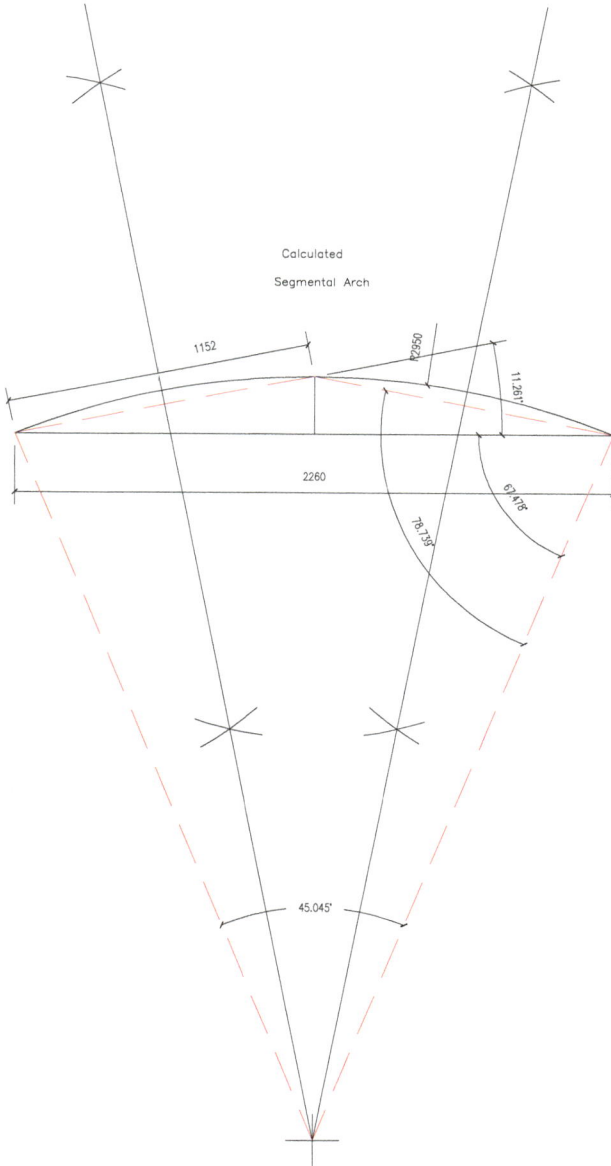

Calculated

Segmental Arch

1152

2260

11.261°

67.478

76.739°

45.045°

Segmental Arc, Given Height and Width of the Dimensions

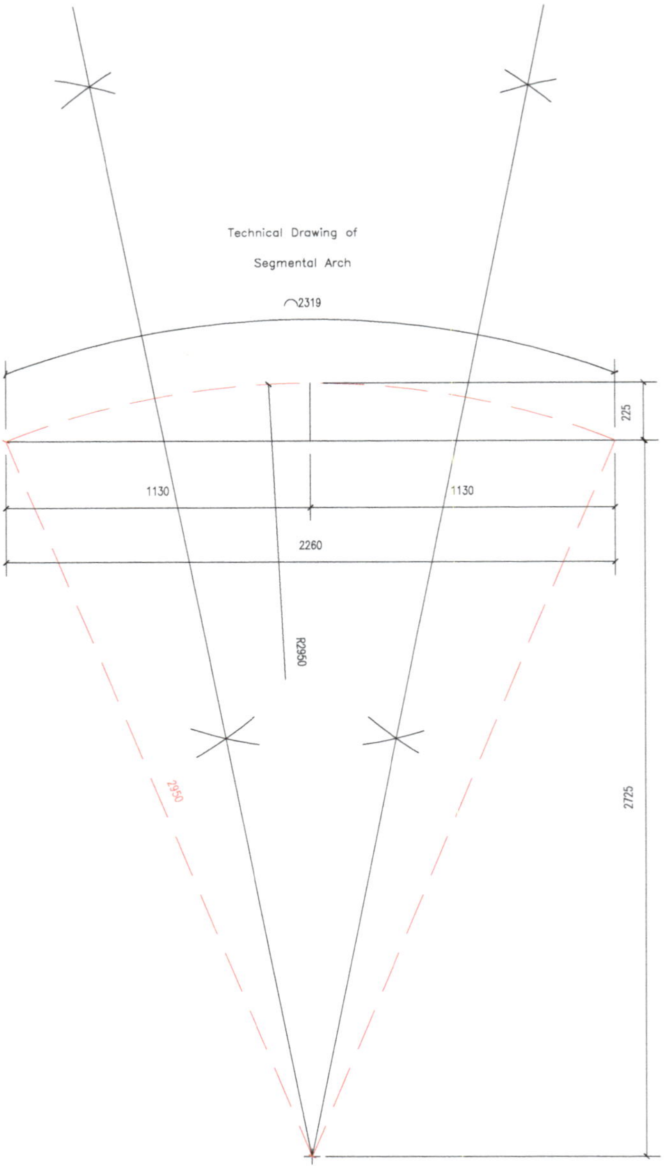

Technical Drawing of
Segmental Arch

⌒2319

225

1130   1130

2260

R2950

2950

2725

Segmental Arc, Given Height and Width of the Dimensions

Chord 2.260 ÷ 2 = centre point 1.130, Height .225

.225 ÷ 1.130   **= inv tan 11.261°**

1.130 ÷ .225   **= inv tan 78.739°**

78.739° − 11.261°   **= 67.478°**

180° − 67.478° − 67.478°   **= 45.044°**

45.044° ÷ 2   **= 22.522°**

$$\frac{2.260 \times \text{sine } 67.478°}{\text{sine } 45.044°}$$ **= 2.950 Radius**

sine 22.522° × 2.950 = 1.130 × 2   **= 2.260 Chord**

cos 22.522° × 2.950   **= 2.725**

2.950 − 2.725   **= .225**

11.261° + 11.261° = 22.522° − 180° **= 157.478°**

$$\frac{45.044°}{360° \times \text{pi} \times 2.950 \times 2}$$ **= 2.318 Arc**

Equilateral Gothic Arch and dimensions

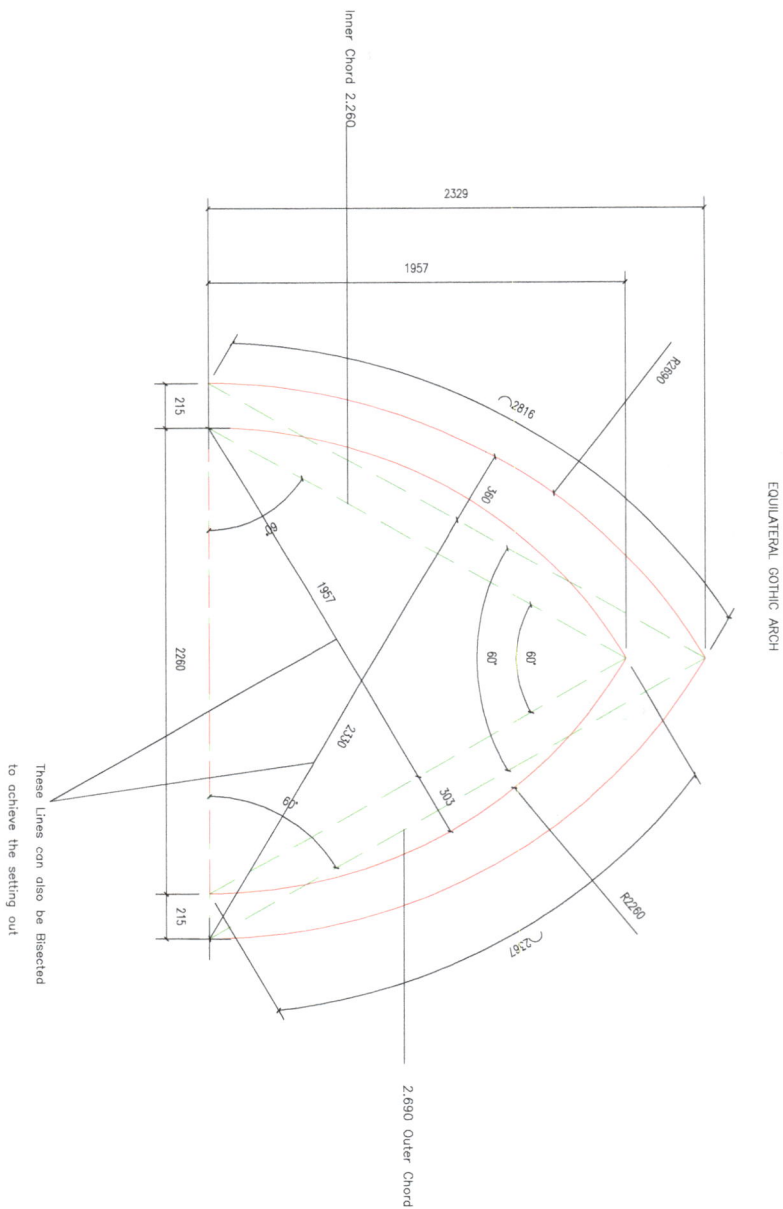

Inner Chord 2.260

2329

1957

215

2816

R2690

48°

1957

2260

396°

60°

60°

2130

303

60°

215

R2260

2367

These Lines can also be Bisected to achieve the setting out

EQUILATERAL GOTHIC ARCH

2.690 Outer Chord

Equilateral Gothic Arch and Dimensions

Inner Triangle & Radius

Tan 60° × 1.130   = **1.957 Inner Circle**

Sine 30° × 2.260 = 1.130 × 2   = **2.260 Inner Chords**

Cos 30° × 2.260   = **1.957 Inner Circle**

$1.130^2 + 1.957^2$ = **2.260 Inner Triangle**

1.957 + .303   = **2.260 Inner Radius**

$\dfrac{60°}{360°}$ × pi 3.141 × 2.260 × 2   = **2.367 Inner Arc**

2.260 – 1.957   = **.303 Inner Chord to Radius**

Outer Triangle & Radius

Tan 60° × 1.345   = **2.330 outer Circle**

Sine 30° × 2.690 = 1.345 × 2   = **2.690 Outer Chords**

Cos 30° × 2.690   = **2.330 Outer Circle**

$1.345^2 + 2.330^2$ = **2.690 Outer Triangle**

2.330 +.360   = **2.690 Outer Radius**

2.690 – 2.330   = **.360 Outer Chord to Radius**

$\dfrac{60°}{360°}$ × pi 3.141 × 2.690 × 2   = **2.816 Outer Arc**

Drop Gothic Arch and Dimensions

Drop Gothic Arch and Dimensions

2.260 Wide by 1.650 High

$1.130 \div 1.650 \times 2$　　　　　= **in tan 68.810°**

$1.650 \div 1.130$　　　　　　　= **in tan 55.595°**

$55.595° + 55.595° + 68.810°$ = **180°**

$1.130^2 + 1.650^2 = \sqrt{3.999}$　= **2.000 chord**

Tan $55.595° \times 1.000$　　　　= **1.460**

$1.000^2 + 1.460^2 = \sqrt{3.132}$　= **1.770 centre point of radius**

$2.260 - 1.770$　　　　　　　= **.490**

$1.770 - 1.460$　　　　　　　= **.310**

$\dfrac{68.810°}{360° \times pi \times 1.770 \times 2}$　= **2.126 Arc**

Lancet / Gothic Arch and dimensions

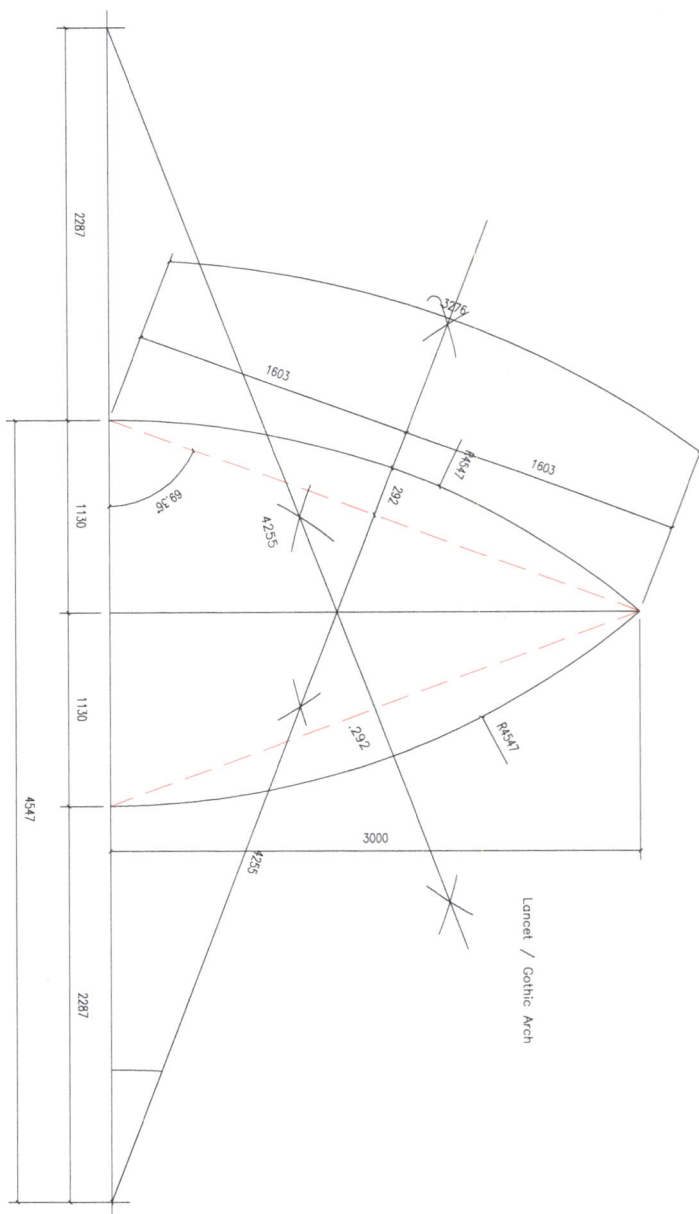

2287

1130

1130

2287

4547

69.36°

1603

3276

R4547

292

4255

1603

R4547

292

4255

3000

Lancet / Gothic Arch

Lancet / Gothic Arch and dimensions

$1.130^2 + 3.000^2$ = **3.206 Length of Chord**

$3.000 \div 1.130$ = **69.360°**

$3.206 \div 2 = 1.603 \times 69.3605°$ Tan = **4.256 From setting out point to Ch0rd**

$1.603^2 + 4.255^2$ = **4.548 Radius Point**

$4.547 - 4.255$ = **.292. Chord to Radius**

$69.3605° \times 2 = 138.721° - 180°$ = **41.280°**

Sine $69.360° \times 4.548$ = **4.256**

Cos $69.360° \times 4.548$ = **1.603**

$4.256^2 + 1.603^2 = \sqrt{20.683}$ = **4.548**

$\dfrac{41.280°}{360° \times \text{pi} \times 4.548 \times 2}$ = **3.276 Arc**

Semi Gothic Arch and Dimensions

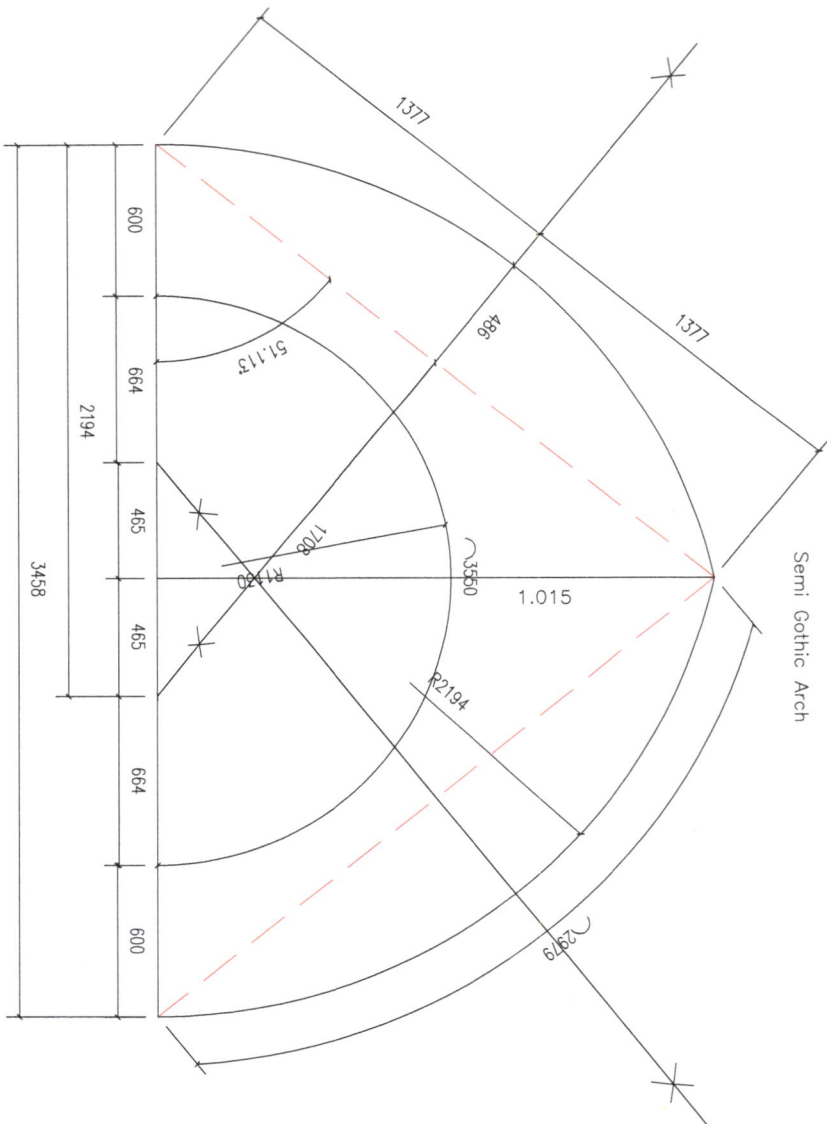

Semi Gothic Arch

1377

1377

496

600

664

2194

465

465

664

600

3458

51.113°

1708

R1420

3550

1.015

R2194

2979

Semi Gothic Arch and Dimensions

$1.729^2 + 2.145^2$ = **2.755 Length of Chord**

$2.145 \div 1.729$ = **in tan 51.129°**

$2.755 \div 2 = 1.377 \times 51.129°$ Tan = **1.709 From setting out point to Chord**

$1.709^2 + 1.377^2 = \sqrt{4.817}$ = **2.194 Radius Point**

$2.194 - 1.708$ = **.486. Chord to Radius**

$51.129° \times 2 = 102.258° - 180°$ = **77.742°**

Sine $51.129° \times 2.194$ = **1.708**

Cos $51.129° \times 2.194$ = **1.377**

$1.708^2 + 1.377^2 = \sqrt{4.813}$ = **2.914**

$1.130 \times$ pi   = **3.550 arc**

$$\frac{77.7742136°}{360° \times \text{pi } 3.141 \times 2.194 \times 2}$$ = **2.978 Arc**

Venetian Gothic Arch and Dimensions

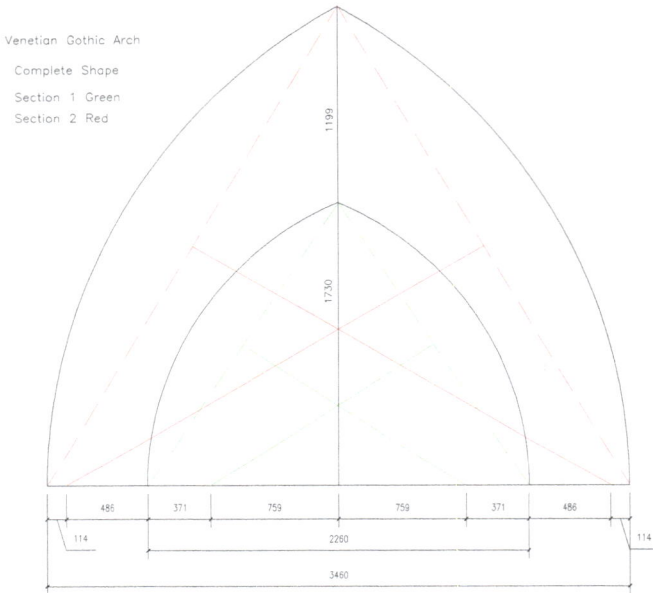

Venetian Gothic Arch

Complete Shape

Section 1 Green

Section 2 Red

1199

1730

486   371   759   759   371   486

114   2260   114

3480

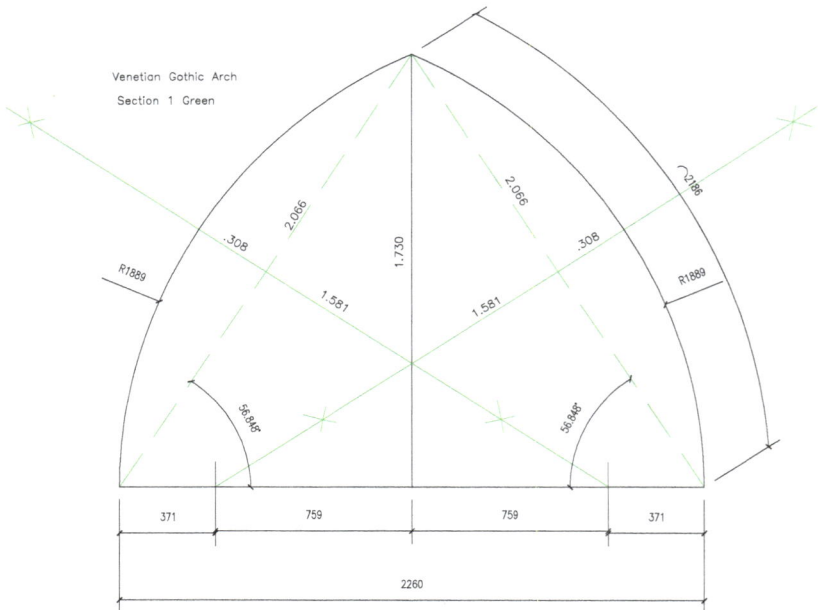

Venetian Gothic Arch

Section 1 Green

2.066   2.066   .2186

.308   1.730   .308

R1889   1.581   1.581   R1889

56.846°   56.846°

371   759   759   371

2260

Venetian Gothic Arch and Dimensions

Section 1

$1.730^2 + 1.130^2$ = **2.066 Length of Chord**

$1.730 \div 1.130$ = **56.848°**

$2.066 \div 2 = 1.033 \times 56.848°$ Tan = **1.581 From setting out point to Chord**

$1.581^2 + 1.033^2$ = **1.889 Radius Point**

$1.889 - 1.581$ = **.308 Chord to Radius**

$56.848° \times 2 = 113.696° - 180°$ = **66.304°**

Sine $33.152° \times 1.889$ = **1.033**

Cos $33.152° \times 1.889$ = **1.581**

$\dfrac{66.304°}{360°} \times$ pi $\times 1.889 \times 2$ = **2.186 Arc**

137

Venetian Gothic Arch and Dimensions

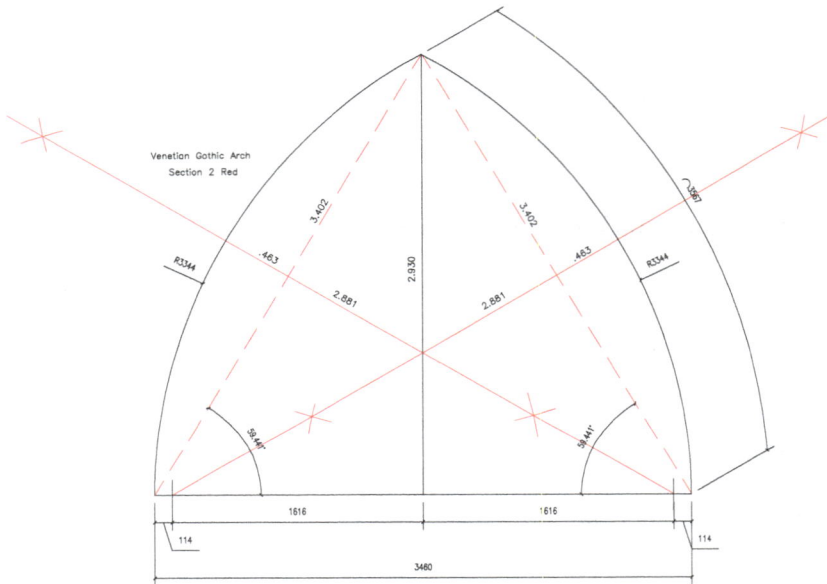

Venetian Gothic Arch
Section 2 Red

3.402
3.402
.463
.463
2.930
2.881
2.881
R3344
R3344
58.44°
58.44°
1616
1616
114
114
3460

Section 2

$1.730^2 + 2.930^2$	= **3.402 Length of Chord**
$2.930 \div 1.730$	= **59.441°**
$3.402 \div 2 = 1.701 \times 59.441°$	= **2.881 From setting out point to chord**
$1.701^2 + 2.881^2$	= **3.345 Radius Point**
$3.345 - 2.881$	= **.465 Chord to Radius**
$59.441° \times 2 = 118.882° - 180°$	= **61.118°**
$1.616 \times 2 + .114$	= **3.346**
Sine $59.441° \times 3.346$	= **2.881**
Cos $59.441° \times 3.346$	= **1.701**

$$\frac{61.118}{360° \times pi \times 3.345 \times 2} = \textbf{3.568 Arc}$$

Semi Elliptical or Three Centred Arch and Dimensions

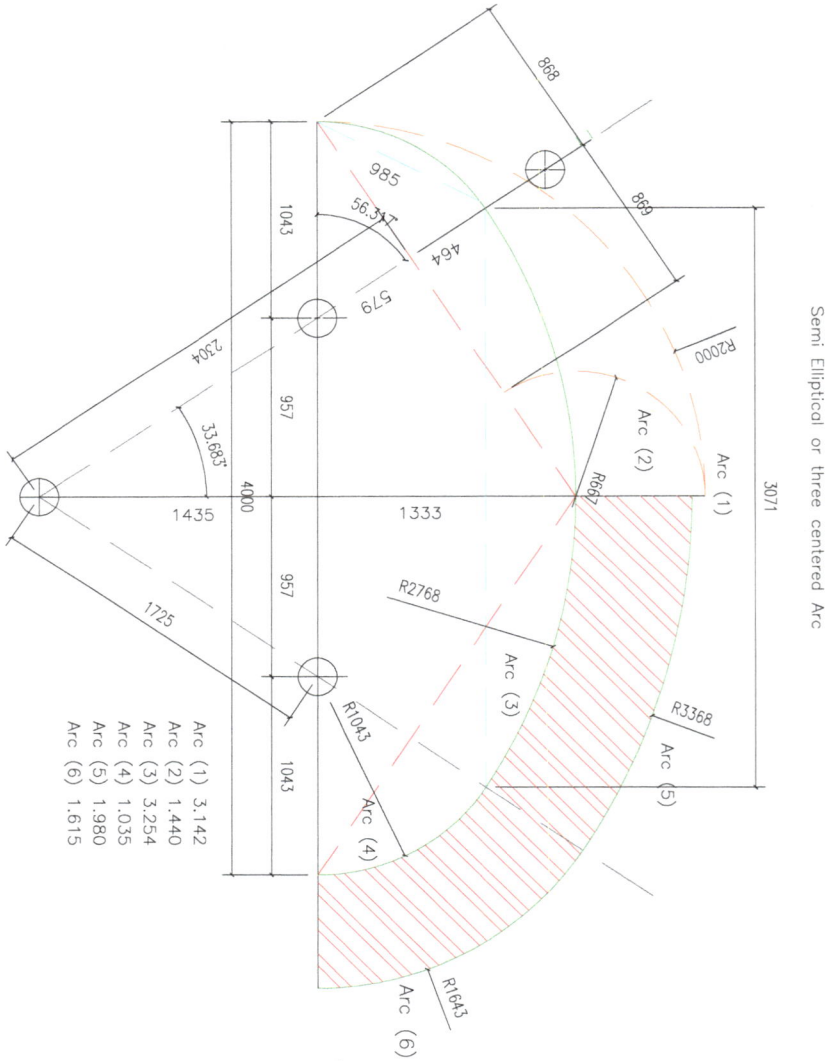

Semi Elliptical or three centered Arc

868
985
56.317
464
579
1043
2304
33.683°
1435
4000
1333
957
957
1043
1725
1043
R2000
R667
R2768
R1043
R3368
898
3071
Arc (1)
Arc (2)
Arc (3)
Arc (4)
Arc (5)
Arc (6)
R1643

Arc (1) 3.142
Arc (2) 1.440
Arc (3) 3.254
Arc (4) 1.035
Arc (5) 1.980
Arc (6) 1.615

Semi Elliptical or Three Centred Arch and Dimensions

Length of Arch 4.000 × .1.333 Rise

$2.000 \div 1.333$	= In Tan 56.317°
$90° - 56.317°$	= 33.683°
$180° - 56.317°$	= 123.683°
$2 \div \frac{2}{3}$	= 1.333
$2^2 + 1.333^2 = \sqrt{5.777} = 2.404 - .667$	= 1.736
$1.736 \div 2$	= .868
$.868 + .667 = 1.535 \div$ Sine 33.683°	= 2.768 radius
$.868 \div 56.317°$	= 1.043 radius
$2.768 + .600$	= 3.368 radius
$1.043 + .600$	= 1.643 radius
$4.000 \div 2$	= 2.000 radius
56.717° tan × .957	= 1.436
$.957^2 + 1.436^2 = \sqrt{2.978}$	= 1.726
$1.436 + 1.333$ from centre point to Arc	= 2.769 Radius
Sin 33.683° × 2.769 = 1.536 × 2	= 3.071
Cos 33.683° × 2.769	= 2.304
$2.768 - 2.304$	= .464

56.317° ÷ 2 = 28.519° sin × 1.043 = .492 × 2 = .984

Arc 1) $\dfrac{90°}{360°} \times pi \times 2.000 \times 2$ = 3.142

Arc 2) $\dfrac{123.683°}{360°} \times pi \times .667 \times 2$ = 1.440

Arc 3) $33.683° \times 2 = \dfrac{67.366°}{360°} \times pi \times 2.768 \times 2$ = 3.254

Arc 4) $\dfrac{56.317°}{360°} \times pi \times 1.043 \times 2$ = 1.025

Arc 5) $\dfrac{67.366°}{360°} \times pi \times 3.368 \times 2$ = 3.960

Arc 6) $\dfrac{56.317°}{360°} \times pi \times 1.643 \times 2$ = 1.615

Elliptical Gothic or Tudor Arch and Dimensions

Elliptical Gothic or Tudor Arch and Dimensions

Elliptical Gothic or Tudor Arch and Dimensions

3.000 × 1.600 High

1.5 ÷ .600	= inv tan 68.199
90° − 68.199	= 21.801°
1.621 ÷ 1.202	= in tan 53.437°
90° − 53.437°	= 36.563°
1.000 × 36.563°	= .742
180° − 53.437° − 68.199°	= 58.364°
180° − 58.364° − 90°	= 31.636°
31.636° ÷ 2	= 15.818°
1.859 ÷ 31.636° sin	= 3.544
.855 ÷ tan 15.818°	= 3.018 Radius
3.018 × tan 31.636°	= 1.859
.855 × 15.818°	= 3.137
3.544 − 3.018	= .526 Top of Arc to slope of triangle
3.137 − 3.018	= .119 Top of Arc to slope of triangle
.742 × 53.437 tan	= 1.000 Radius
3.018 × sine 15.818° = .832 × 2	= 1.645 Chord
3.018 × cos 15.818	= 2.904 centre point to chord

$2.904 - 3.018$ = **.114 from chord to Arc**

$1.000 \times \sin 18.281° = .341 \times 2$ = **.627centre point to chord**

$1.000 \times \cos 18.281° = .950 - 1.000$ = **.050 from chord to Arc**

$$\frac{\text{Arc } 31.636°}{360° \times \text{pi} \times 3.018 \times 2}$$ = **1.666 Arc**

$$\frac{\text{Arc } 36.562°}{360° \times \text{pi} \times 1.000 \times 2}$$ = **.636 Arc**

TEST QUESTIONS

Multiple Triangle, Test No (1)

Questions

(1) Calculate Hypotenuse A to B

(2) Calculate angle A

(3) Calculate Angle B

(4) Calculate Angle C

(5) Calculate Angle F

(6) Calculate Height E to F

(7) Calculate Length C to E

(8) Calculate Angle G

(9) Calculate Angle I

(10) Calculate Height H to I

(11) Calculate Length H to G

(12) Calculate Angle F To I

(13) Caculate Areas (A,B,AB1) & (C,E,F) & (G,H,I)

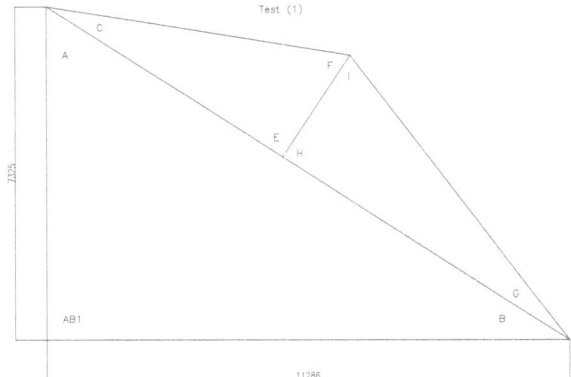

Calculations Unknown Points, Test No (2)

Questions

(1) Calculate unknown Angle A

(2) Calculate Length of Hypotenuse B

(3) Calculate Length of Hypotenuse C

(4) Calculate Height D

(5) Length E 1.735

(6) Calculate Height F

(7) Length G 2.205

(8) Calculate Area H

(9) Calculate Area I

Test Question (2)

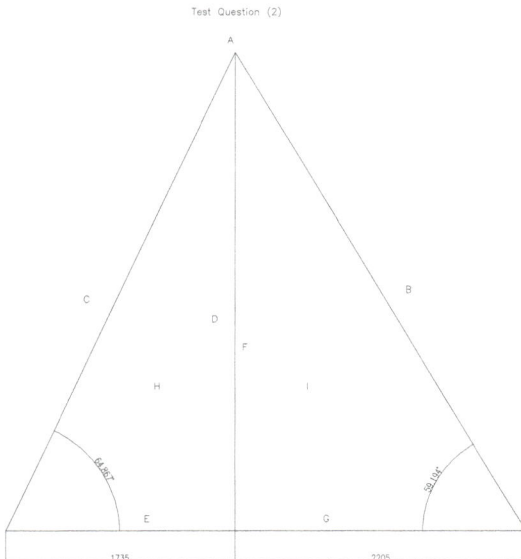

Calculate Central Point, Test Questions No 3

Questions

(1) Calculate all Dimensions of Triangles to Centre Point and Angles A,B,C,D

(2) Calculate all Outer Dimensions of Triangles and Angles E,F,G,H-H

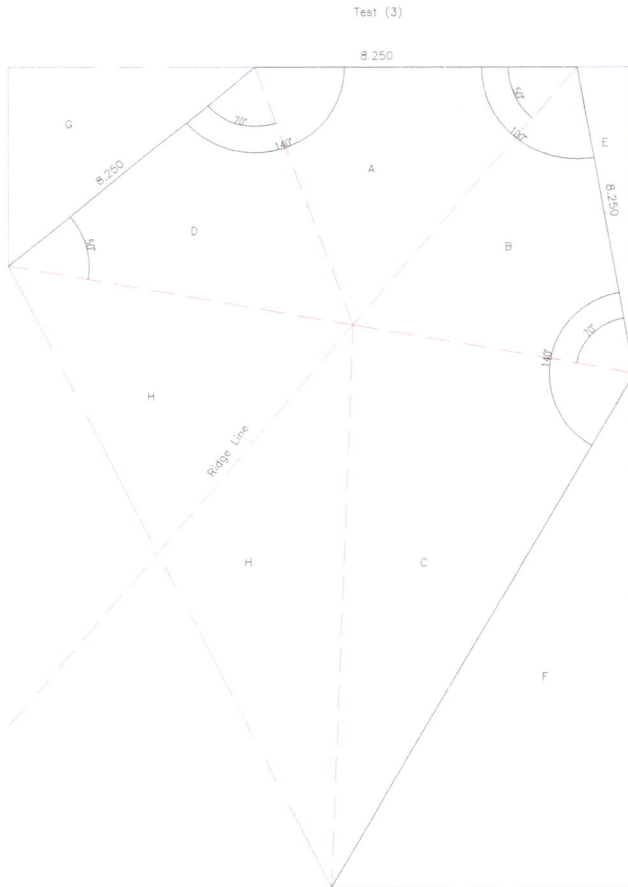

Test (3)

Calculate Central Point, Test Questions No 4

Questions

(1) Calculate all Dimensions of Triangles to Centre Point and Angles I,J,K,L

(2) Calulate all Outer Dimensions of Triangles and Angles O,M,N,P-P

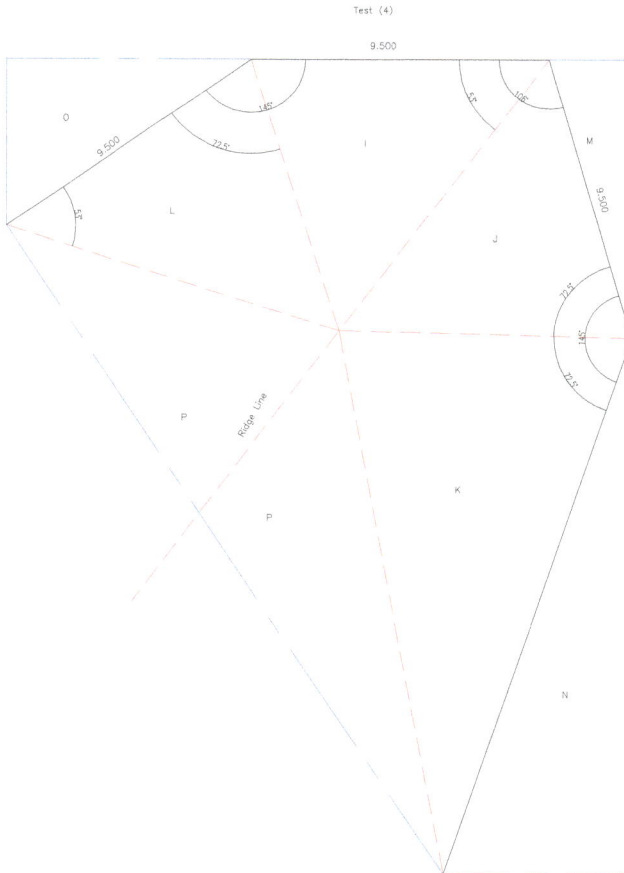

Test (4)

Roofing Questions, Test Questions No 5

(1) Calculate (A) Length and Height of Common Rafters

(2) Calculate (B) Horizontal, Height and Length of Hip Rafter and Angle of Rise

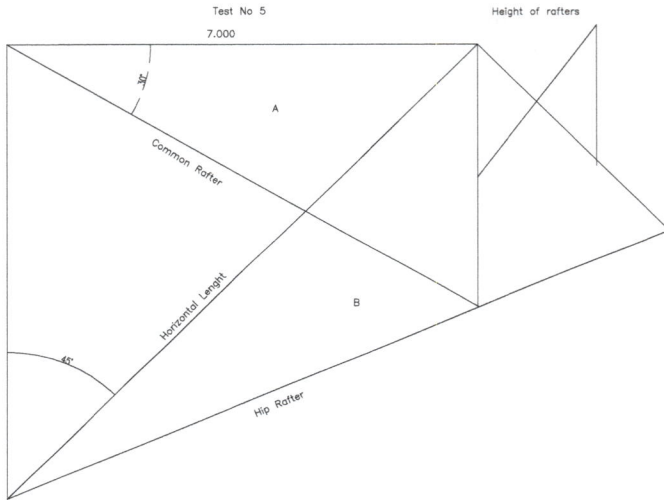

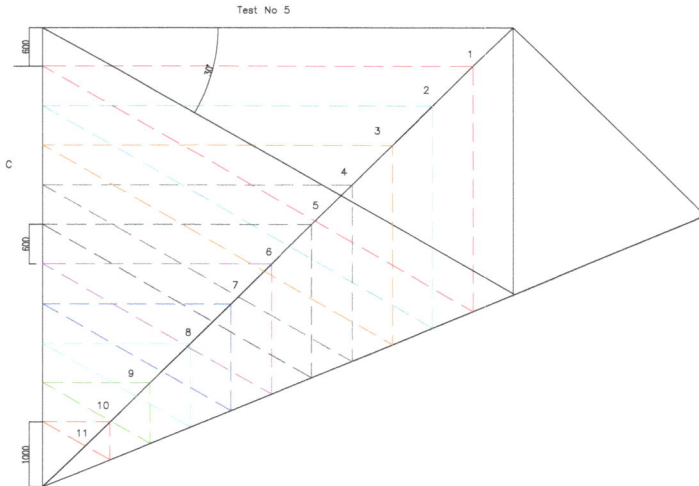

Roofing Questions, Test Questions No 5

(1) Calculate Length, Height and Rise of Jack Rafters (1 to 11)

(2) Calculate Heights and Positions of Jack Rafters along the Hip Rafter

Test No 5

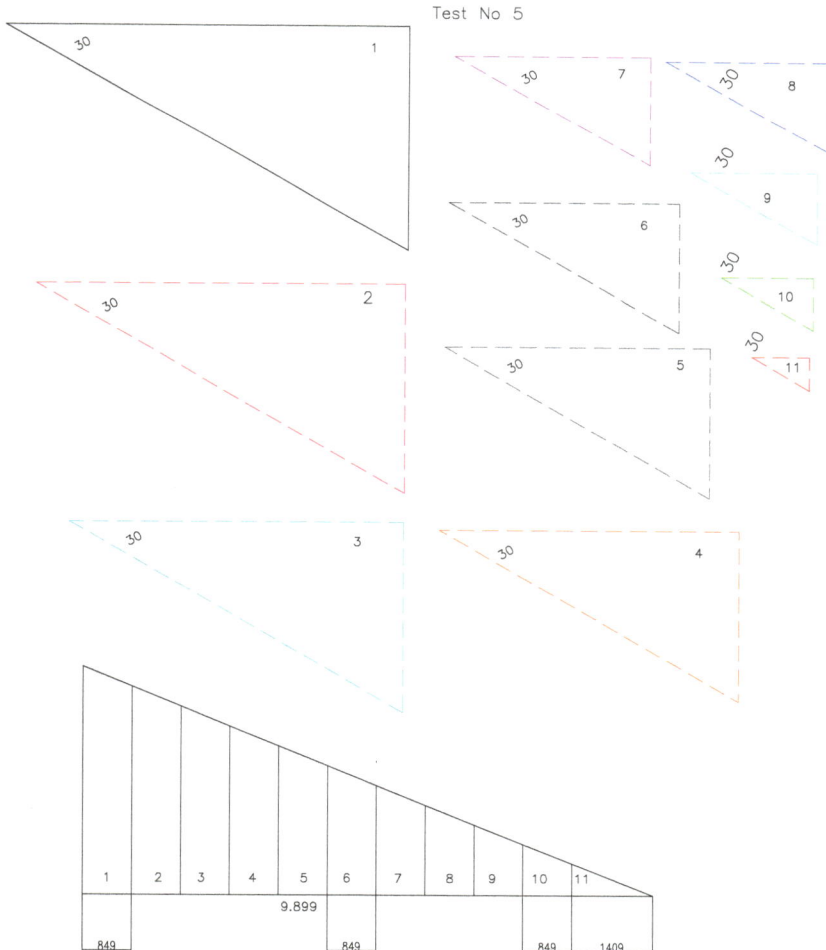

Roofing Questions, Test Questions No 5

(1) Calculate Length of Main Rafter and Detailed Dimensions of Wall Plate

(2) Calculate Length of Hip and detailed dimensions around wallplate

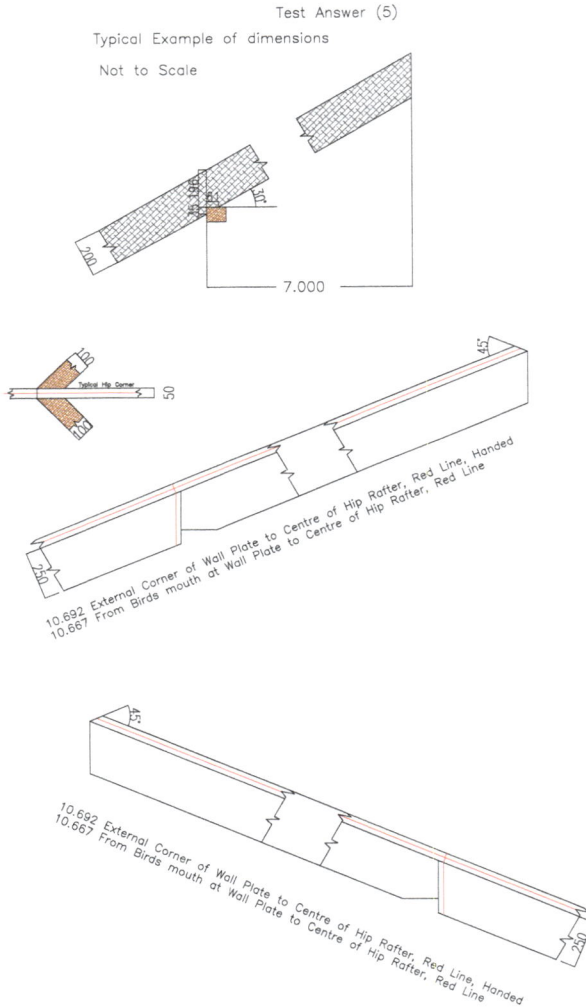

Test Answer (5)

Typical Example of dimensions

Not to Scale

7.000

Typical Hip Corner

10.692 External Corner of Wall Plate to Centre of Hip Rafter, Red Line, Handed
10.667 From Birds mouth at Wall Plate to Centre of Hip Rafter, Red Line

10.692 External Corner of Wall Plate to Centre of Hip Rafter, Red Line, Handed
10.667 From Birds mouth at Wall Plate to Centre of Hip Rafter, Red Line

Roofing Questions, Test Questions No 6

(1) Calculate Length, Height of Jack Rafters, and Angle (1 to 40)

Test 6

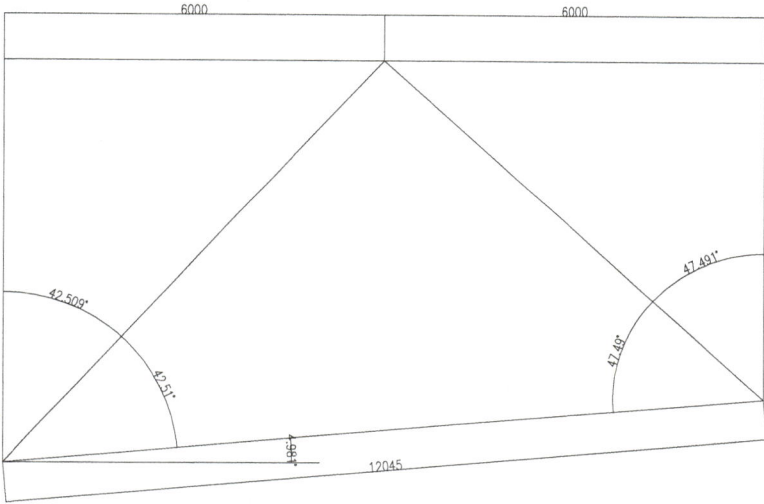

Test 6

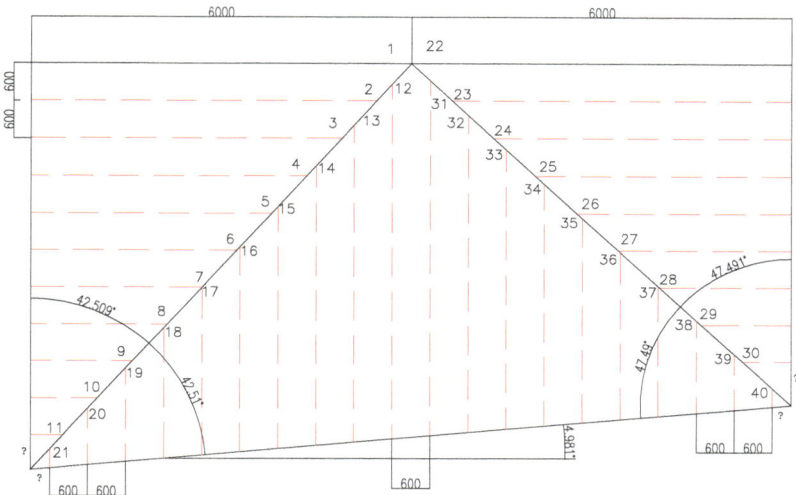

Roofing Questions, Test Questions No 6

(1) Calculate Length, Height of Jack Rafters, and Angles (1 to 11)

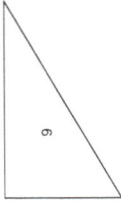

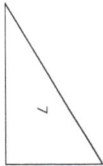

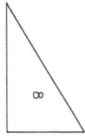

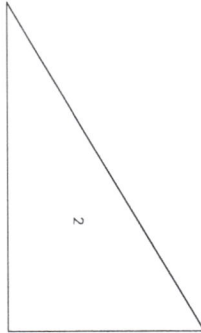

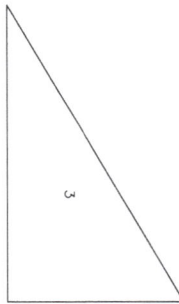

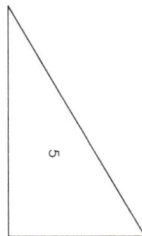

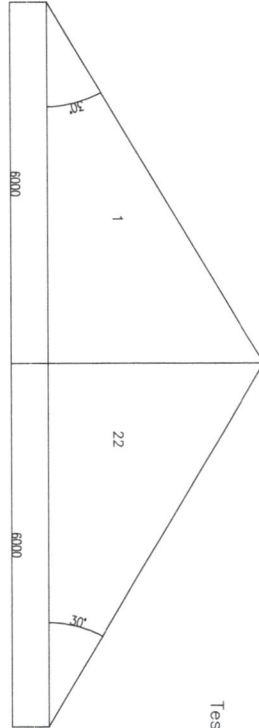

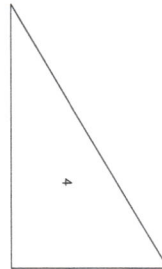

Test 6

Roofing Questions, Test Questions No 6

(1) Calculate Length, Height of Jack Rafters, and Angle (1 to 11)
   & (12 to 21)

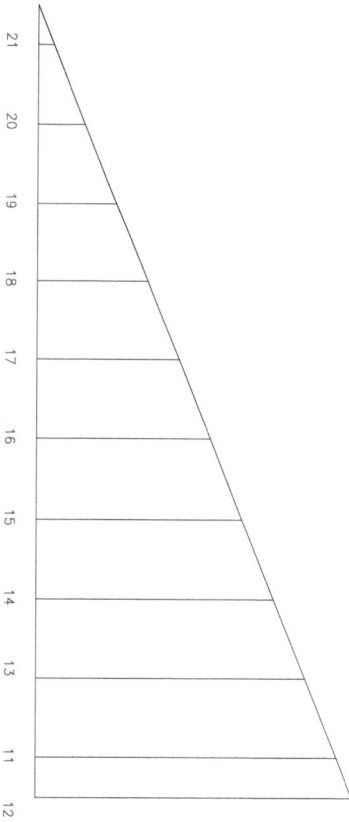

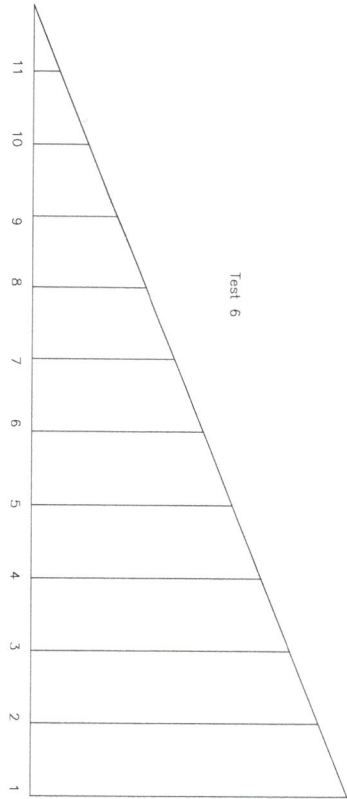

Roofing Questions, Test Questions No 6

(1) Calculate Length, Height of Jack Rafters, and Angle (12 to 21)

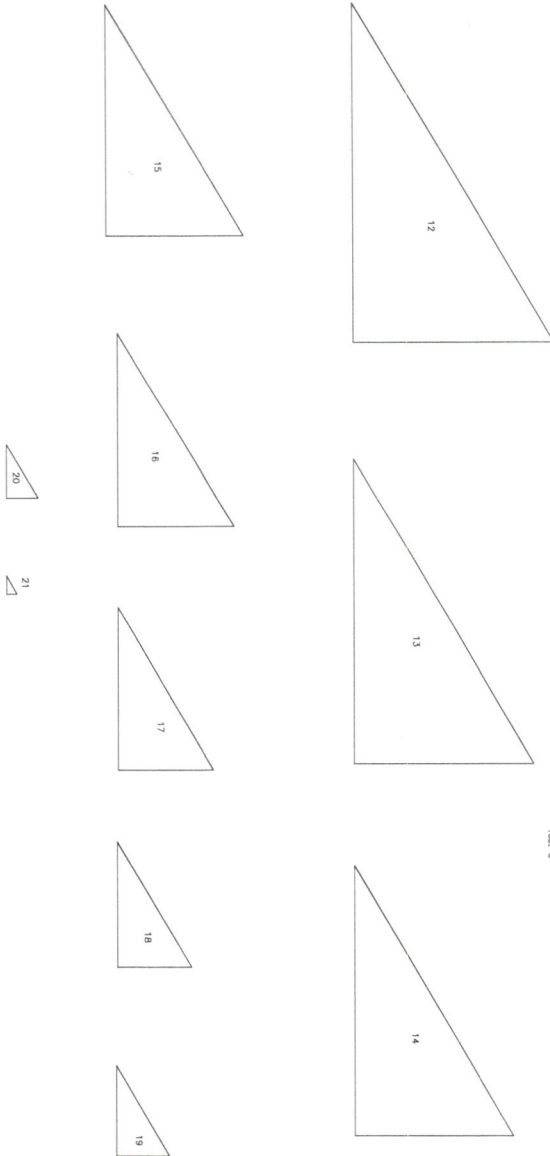

15

12

16

20

21

17

13

18

Test 6

14

19

Roofing Questions, Test Questions No 6

(1) Calculate Length, Height of Jack Rafters, and Angle (23 to 30) & (31 to 40)

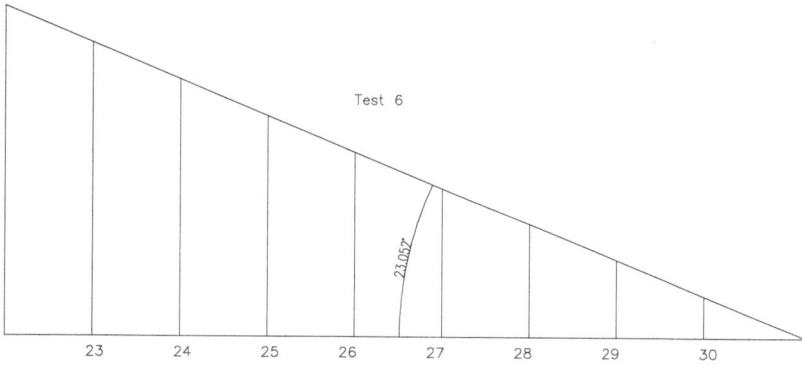

Test 6

23.057

23 24 25 26 27 28 29 30

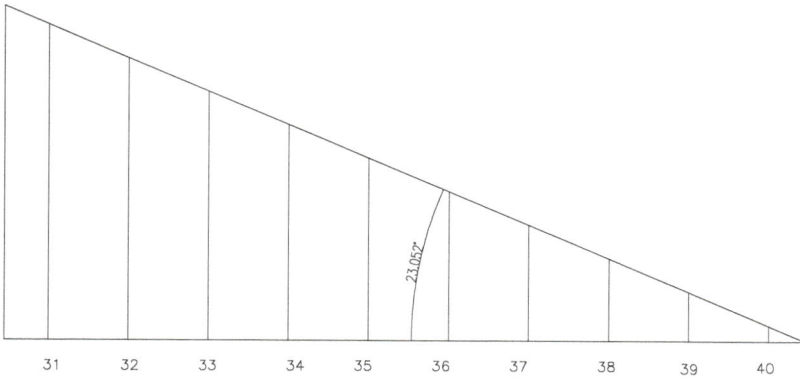

23.057

31 32 33 34 35 36 37 38 39 40

Roofing Questions, Test Questions No 6

(1) Calculate Length, Height of Jack Rafters, and Angle (23 to 30)

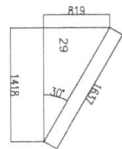

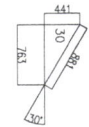

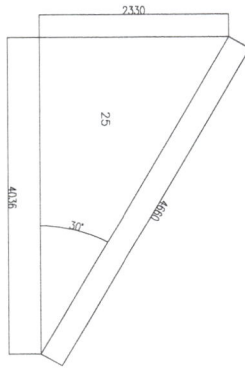

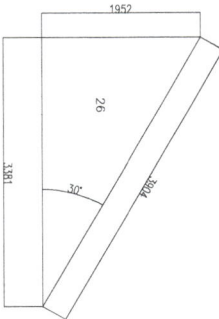

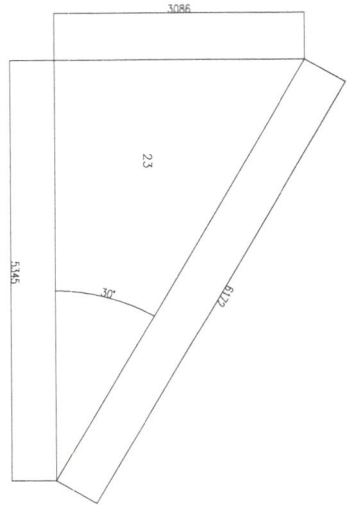

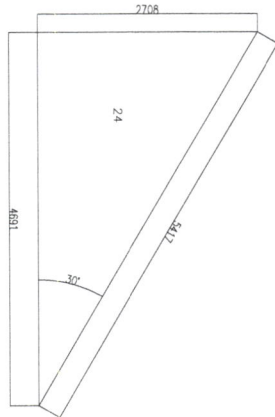

Roofing Questions, Test Questions No 6

(1) Calculate Length, Height of Jack Rafters, and Angle (31 to 40)

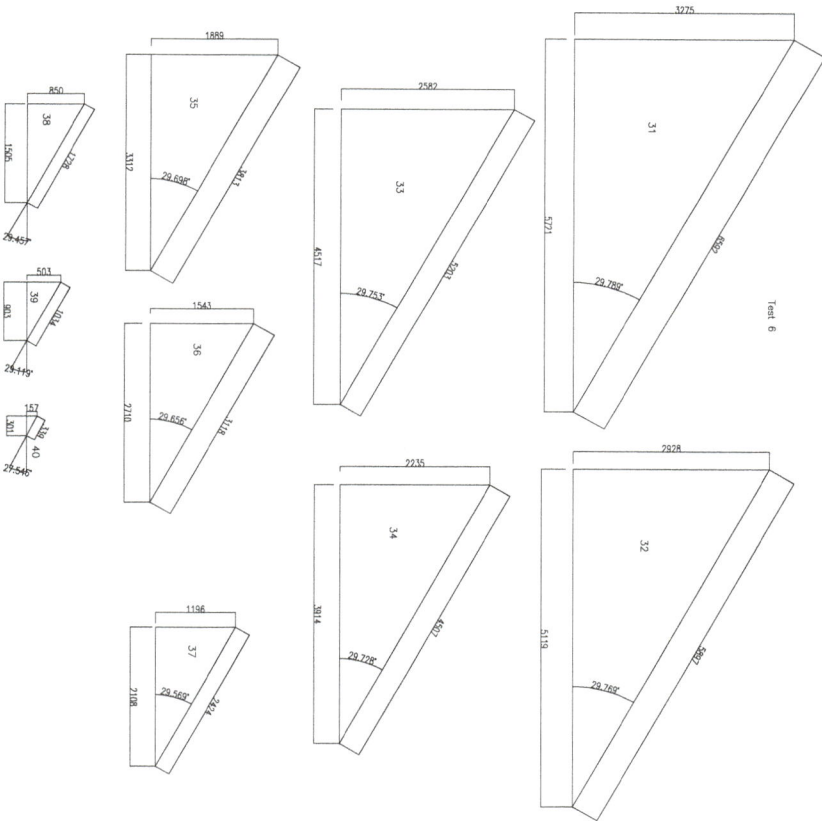

Roofing Questions, Test Questions No 6

Typical Slatted Roof

Test 6

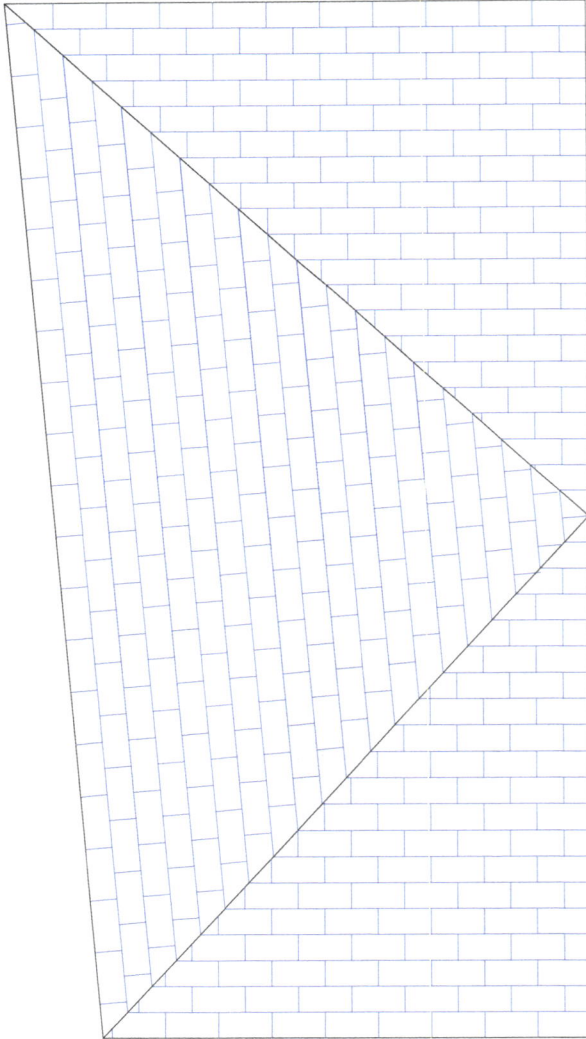

Test Question (7)

1) Calculate all angles

2) Calculate Outer Circle around triangle

Test (7)

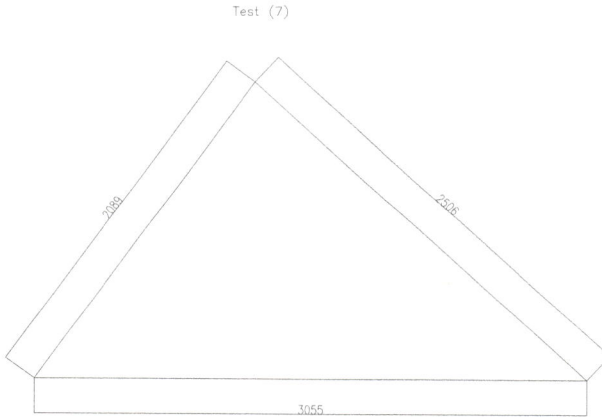

Test Question (8)

1) Calculate Dimensions

2) Calculate Outer Circle around triangle

Test (8)

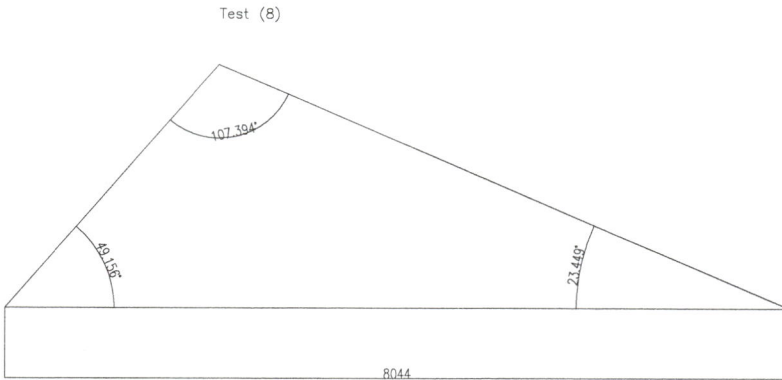

Test Question (9)

1) Calculate Dimensions

2) Calculate Outer Circle around Triangle

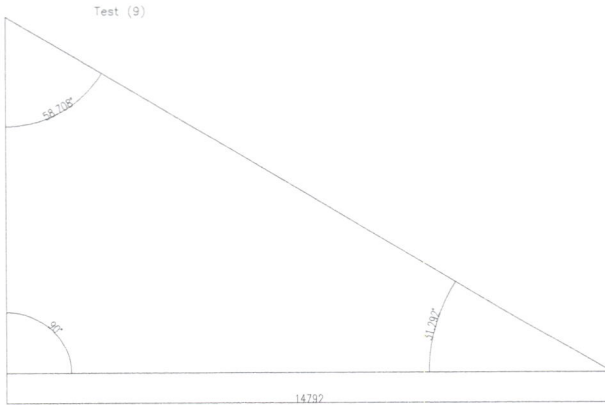

Test Question No (10)

1) Calculate Length of each side

2) Calculate inner circle

3) Show Geometry layout of inscribed Circle

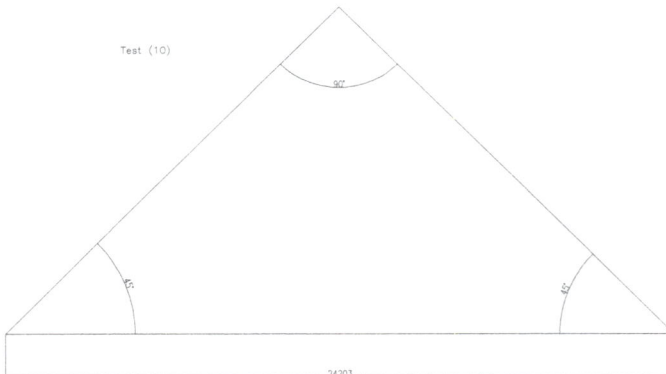

Test Question No (11)

1) Calculate Length of each side

2) Calculate inner circle

3) Show Geometry layout of inscribed Circle

Test (11)

4329

9067

12555

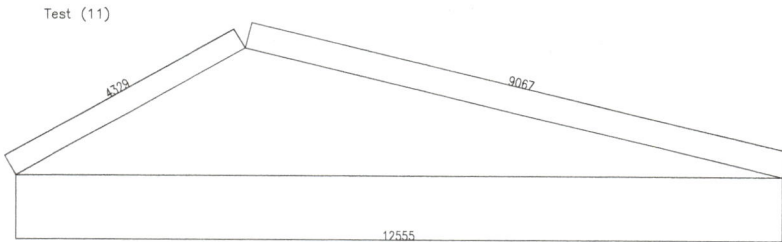

Test Question (12)

Test (12)

There are 8 number circles inscribed within the Triangle, calculate the Radius of all of them.

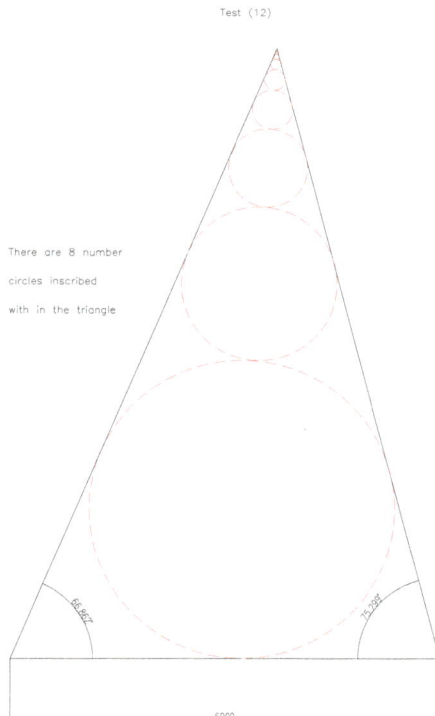

There are 8 number
circles inscribed
with in the triangle

6000

Test Question (13)

1) Calculate distance A to B

2) Calculate distance B to C

3) Calculate length of chord A to C

4) Calculate from centre point D to centre point of chord 90°, calculate from centre of chord 90° to centre point of Arc.

5) Calculate Arc length.

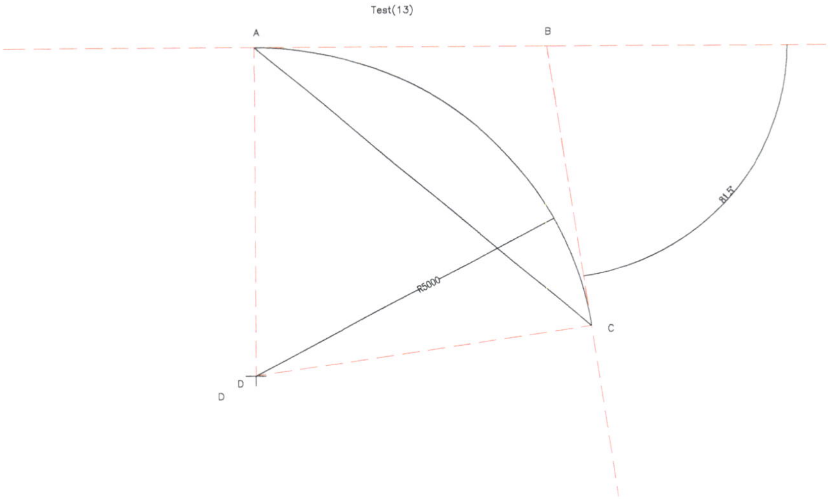

Test(13)

Test Question (14)

1) Calculate distance A to B

2) Calculate distance B to C

3) Calculate length of chord A to C

4) Calculate from centre point D to centre point of chord 90°, calculate from centre of chord 90° to centre point of Arc.

5) Calculate Arc length

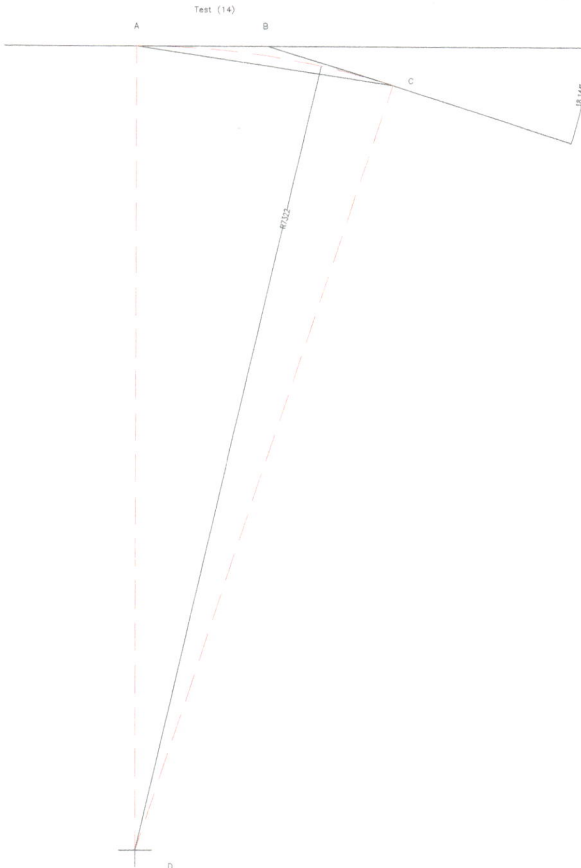

Test (14)

Test Question (15) Calculate Radius Points (A, B, C, D, E, F)

1) Calculate length A to B, Start of Arc & Chord

2) Calculate length B to C, Start of Arc & Chord

3) Calculate length of Chord A to C

4) Calculate Radius F to D

5) Calculate from centre point D to E continue E to F

6) Calculate Arc length

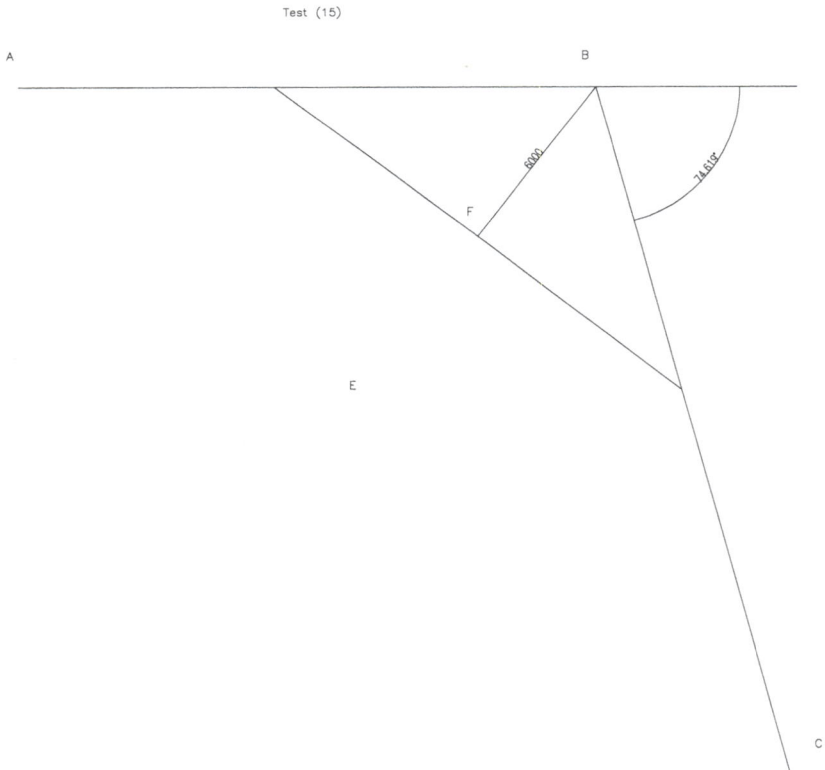

Test (15)

Test Question (16) Calculate Radius Points (A, B, C, D, E, F)

1) Calculate length A to B, Start of Arc & Chord

2) Calculate length B to C, Start of Arc & Chord

3) Calculate length of Chord A to C

4) Calculate Radius F to D

5) Calculate from centre point D to E continue E to F

6) Calculate Arc length

Test (16)

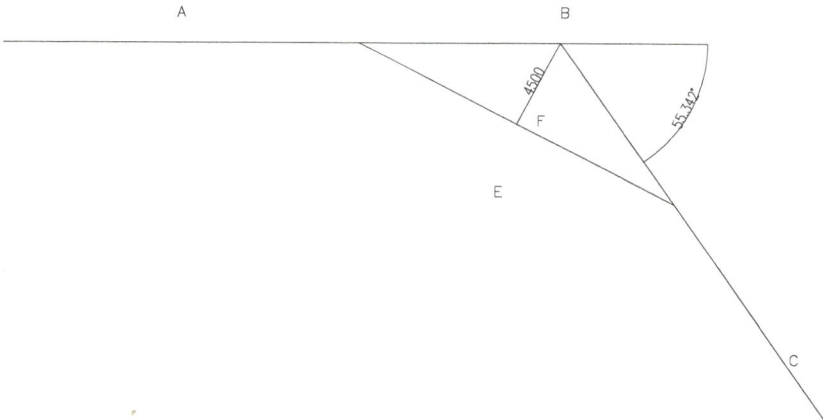

Test Question (17) Calculate Radius Points (A, B, C, D, E, F)

1) Calculate length A to B, Start of Arc & Chord

2) Calculate length B to C, Start of Arc & Chord

3) Calculate length of Chord A to C

4) Calculate Radius F to D

5) Calculate from centre point D to E continue E to F

6) Calculate Arc length

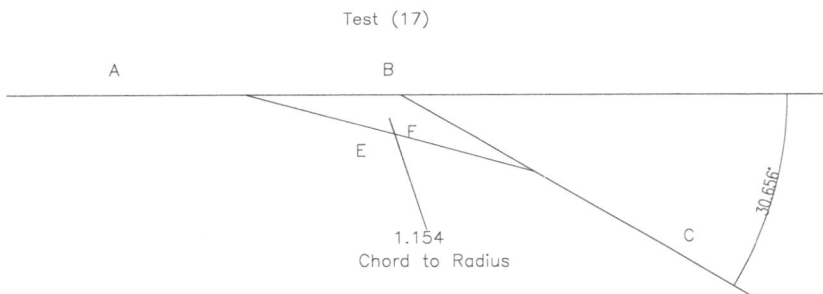

Test (17)

A   B

E   F

1.154
Chord to Radius

C

30.656

Height of individual points from Chord to Radius.

Test Question (18)

1) Calculate angle from centre point

2) Calculate Height of individual points from chord to Radius at .300 centres

3) Calculate Arc

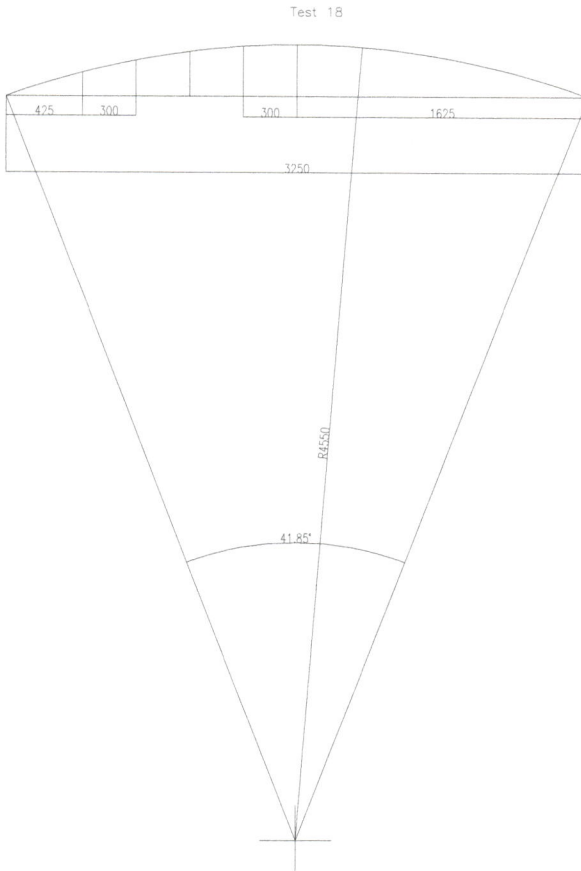

Test 18

425 300 300 1625

3250

R4550

41.85°

Height of individual points from Chord to Radius.

Test Question (19)

1) Calculate angle from centre point

2) Calculate Height of individual points from chord to Radius at .300 centres

3) Calculate Arc

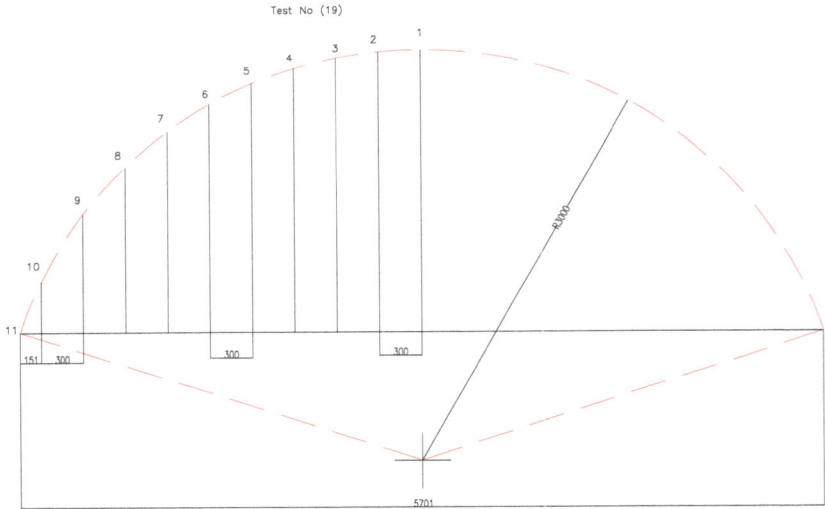

Test No (19)

172

Integration of Ellipse Test (20)

Plan and colour co-ordinating with outlined Dimensions

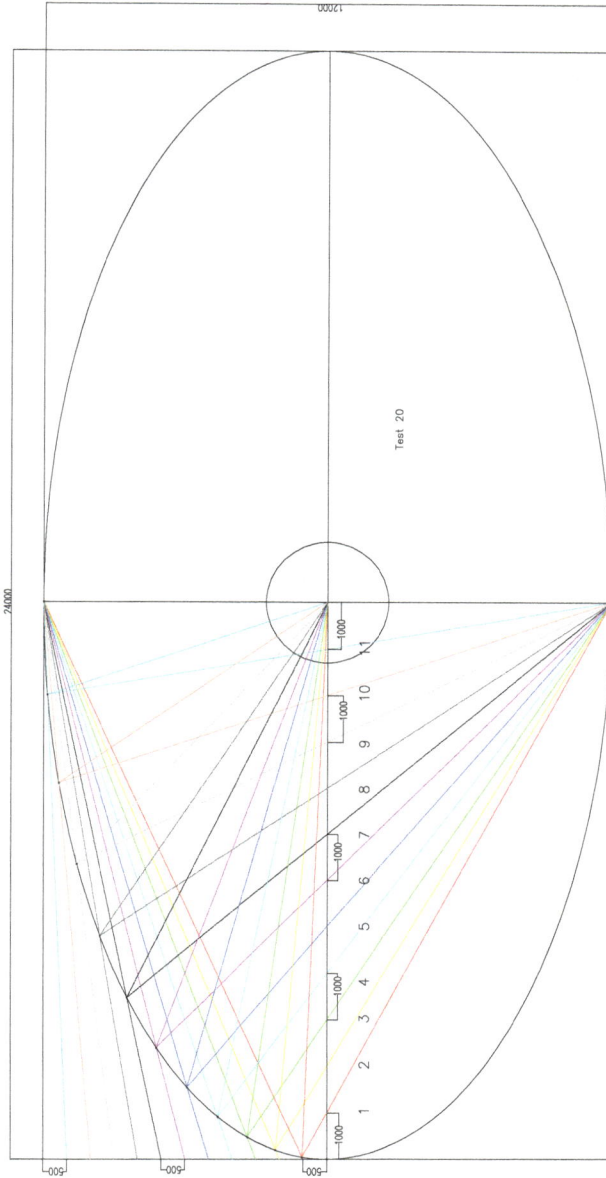

Integration of Ellipse Test (20) 1,2,3,4,5,6

Calculate all the angles and Lengths of the triangles, then add the distance of the over run

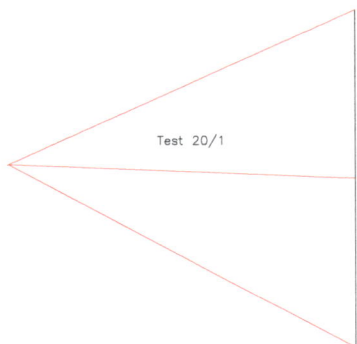

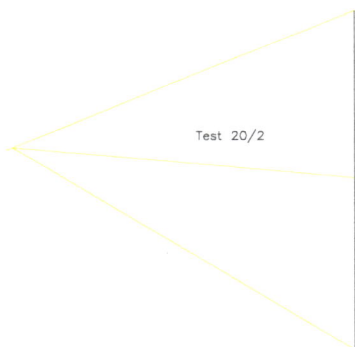

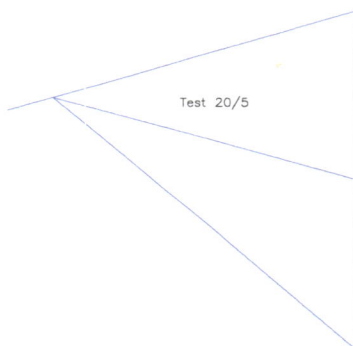

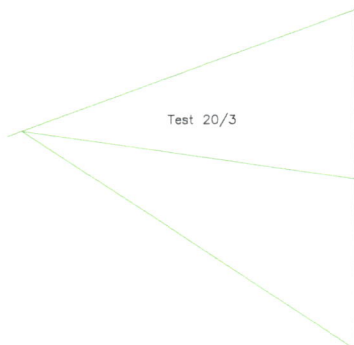

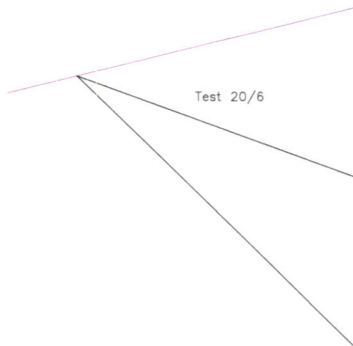

Test 20/1

Test 20/4

Test 20/2

Test 20/5

Test 20/3

Test 20/6

Integration of Ellipse Test (20) 7,8,9,10.11

Calculate all the angles and Lengths of the triangles, then add the distance of the over run

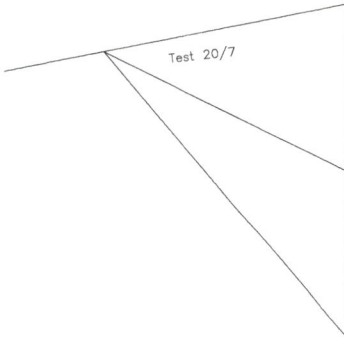

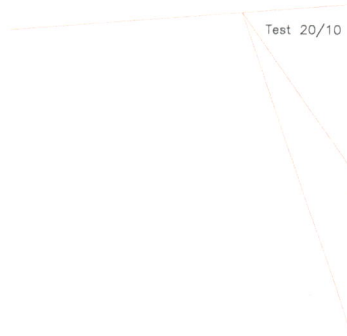

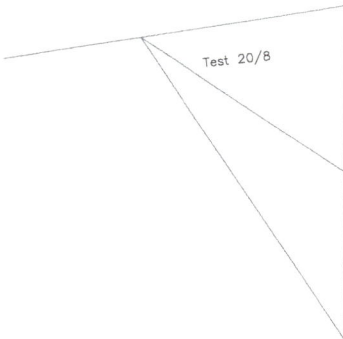

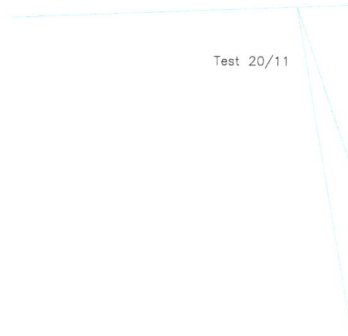

Test 20/7

Test 20/10

Test 20/8

Test 20/11

Test 20/9

175

Segmental Arch Test Question 21

1) Calculate Length of Hypotenuse on both sides

2) Calculate Radius & angle of centre Point

3) Calculate from centre point to centre of Chord

4) Calculate Arc Length

5) Calculate from centre of chord to top of arc

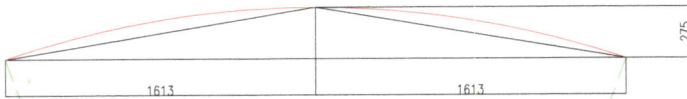

Test Question 21

Equilateral Gothic Arch Test Question 22

1) Calculate Height of Triangles

2) Calculate Hypotenuse of inner & outer

3) Calculate Radius inner & outer

4) Calculate inner & outer Arcs

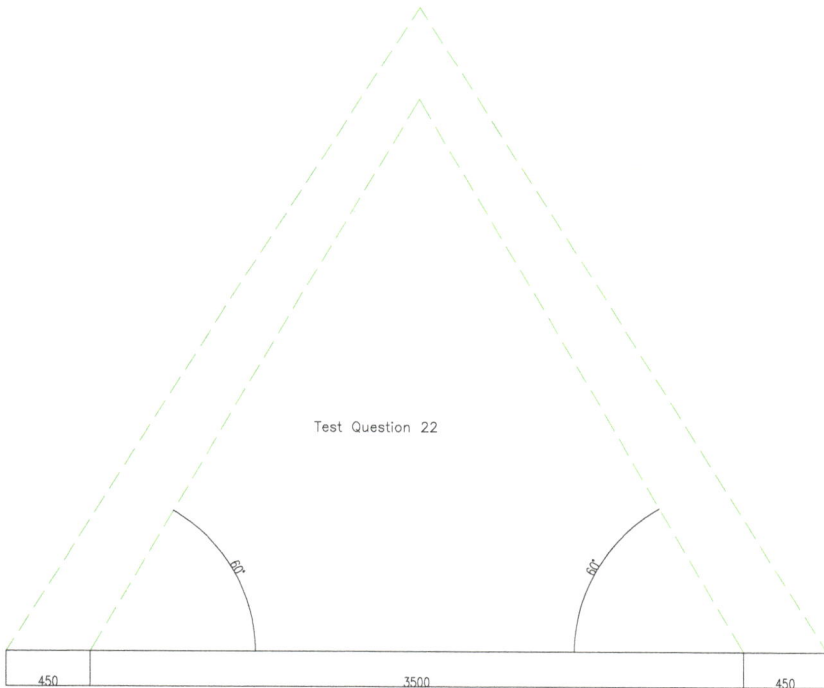

Test Question 22

450   3500   450

Drop Gothic Arch, Test Question 23

1) Calculate Height of Triangles

2) Calculate Hypotenuse

3) Calculate Radius

4) Calculate Arc

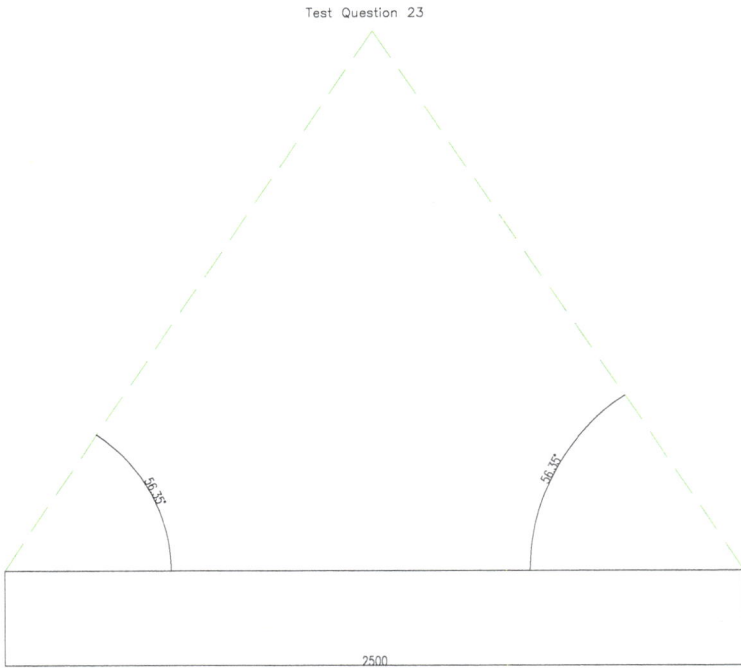

Test Question 23

2500

Lancet Gothic Arch Test Question 24

1) Calculate Height of Triangles

2) Calculate Hypotenuse

3) Calculate Radius

4) Calculate Arc

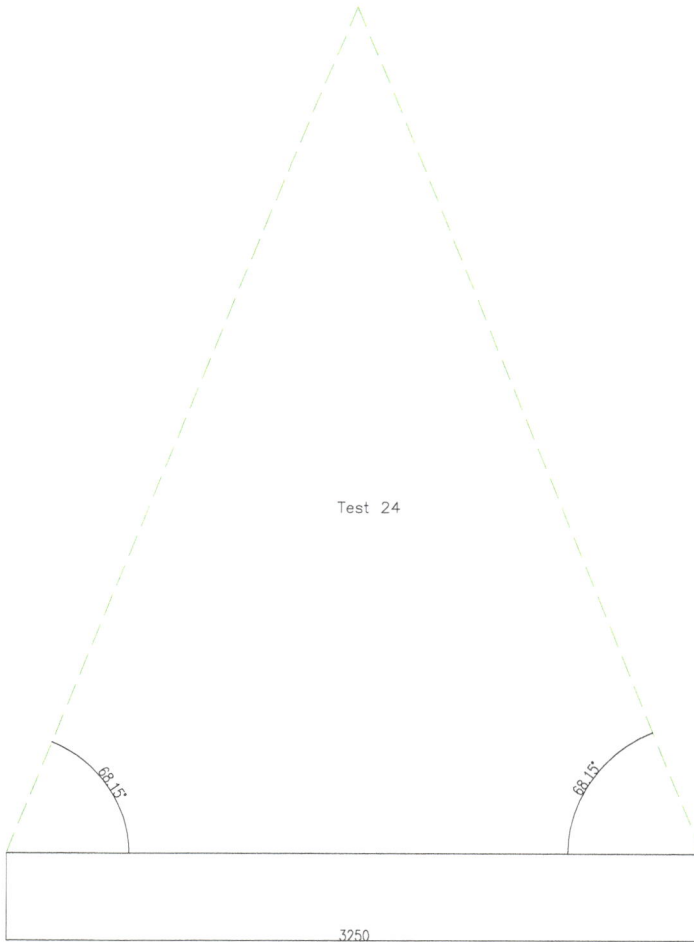

Test 24

68.15°   68.15°

3250

Semi Gothic Arch, Test Question 25

1) Calculate Height of Triangles

2) Calculate Hypotenuse

3) Calculate 2no Radiuses

4) Calculate 2no Arcs

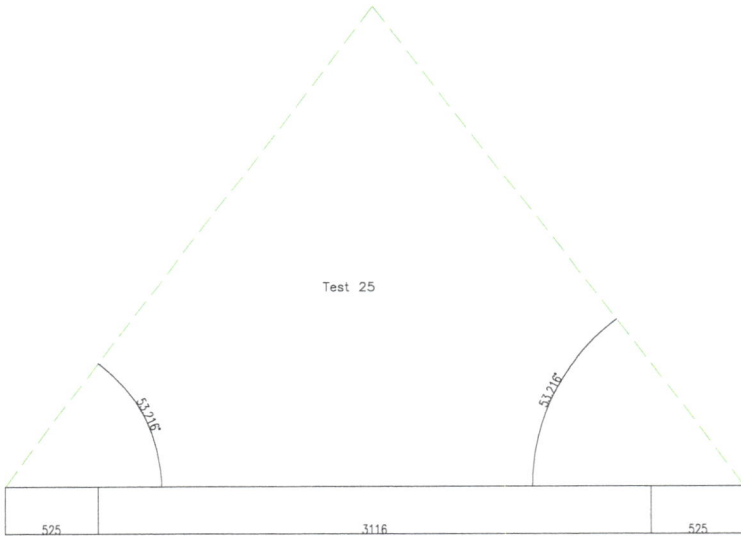

Test 25

53.216° 51.216°

525   3116   525

Venetian Gothic Arc, Test Question 26

1) Calculate Height of Triangles

2) Calculate Hypotenuse

3) Calculate 2no Radiuses

4) Calculate 2no Arcs

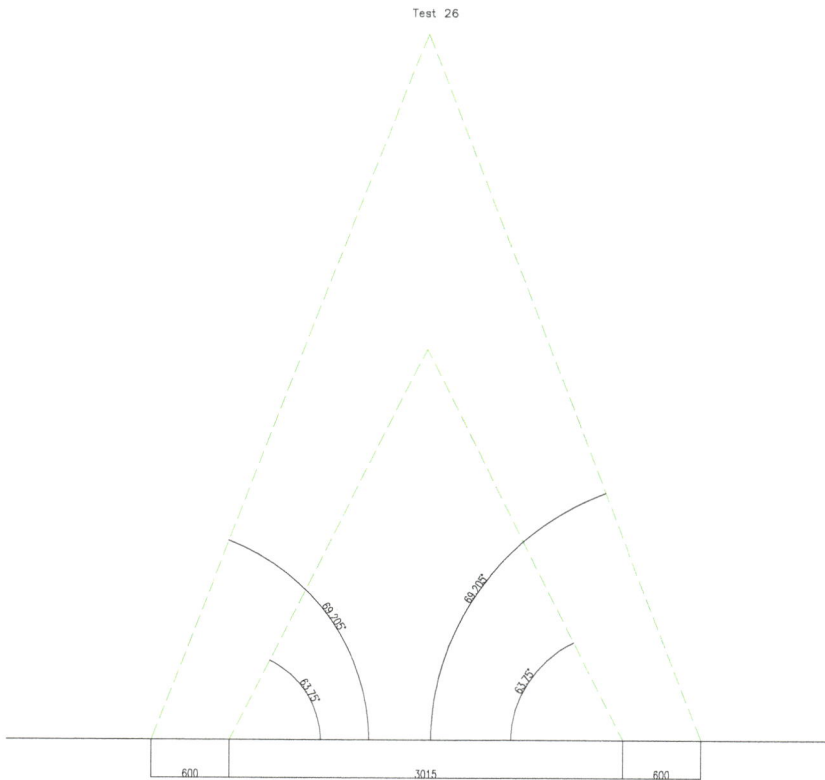

Test 26

Semi Elliptical or three Centred Arch, Test Question 27

1) Calculate Height of Triangles Span 3.000 × 1000 Rise

2) Calculate all Angles

3) Calculate Length of all Chords

4) Calculate Hypotenuse

5) Calculate 6no Radiuses & Arcs

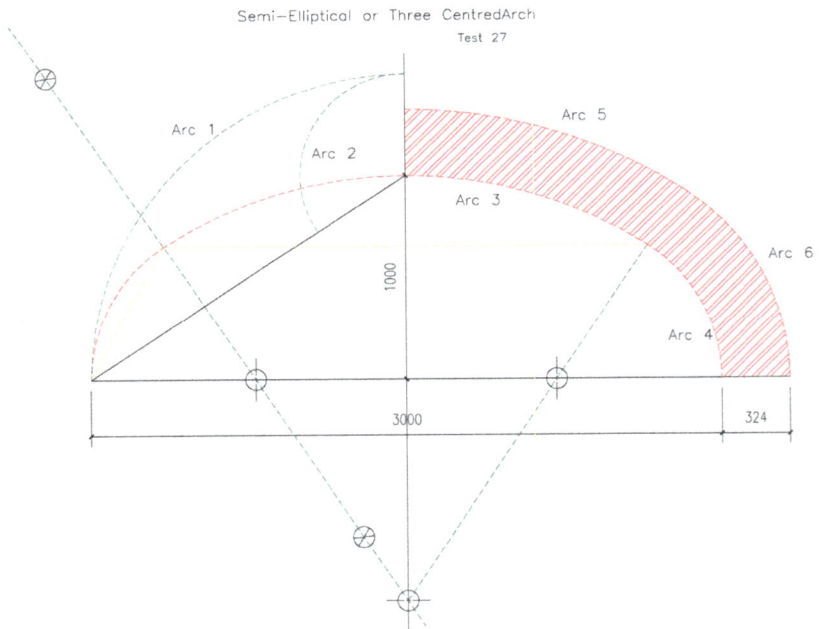

Semi−Elliptical or Three CentredArch
Test 27

Arc 1

Arc 2

Arc 3

Arc 5

Arc 6

Arc 4

1000

3000

324

Elliptical Gothic or Tudor Arch, Test Question 28

1) 3.025 to centre × 3.025 Rise

2) Calculate all angles

3) Calculate all Lengths from centre point to top of rise following slope

4) Calculate Length of chords

5) Calculate from Radius point to centre of each chord and difference between chord & Arc

6) Calculate Arcs

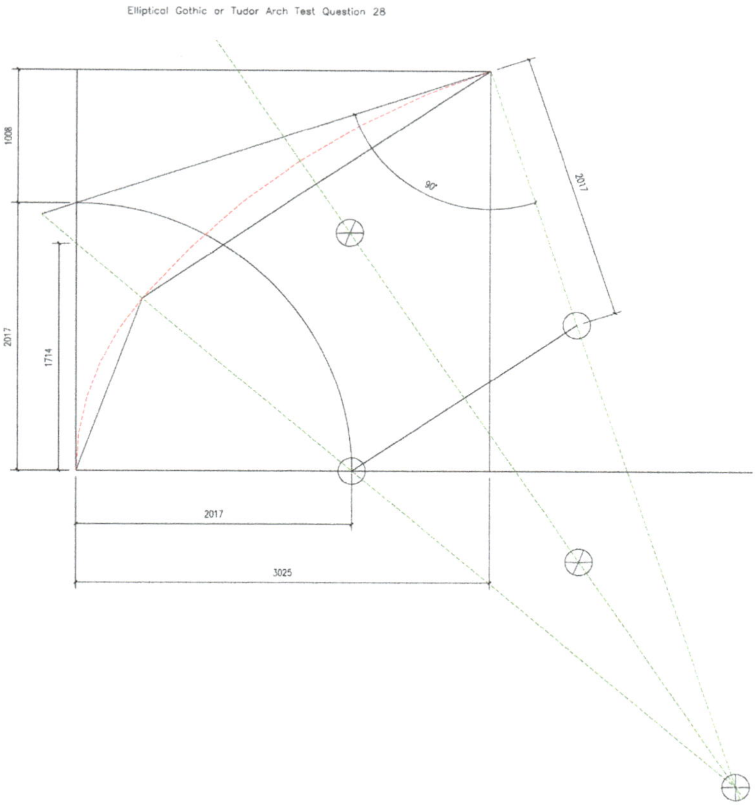

Elliptical Gothic or Tudor Arch Test Question 28

ANSWERS TO THE TEST QUESTIONS

Answer to Test Question (1)

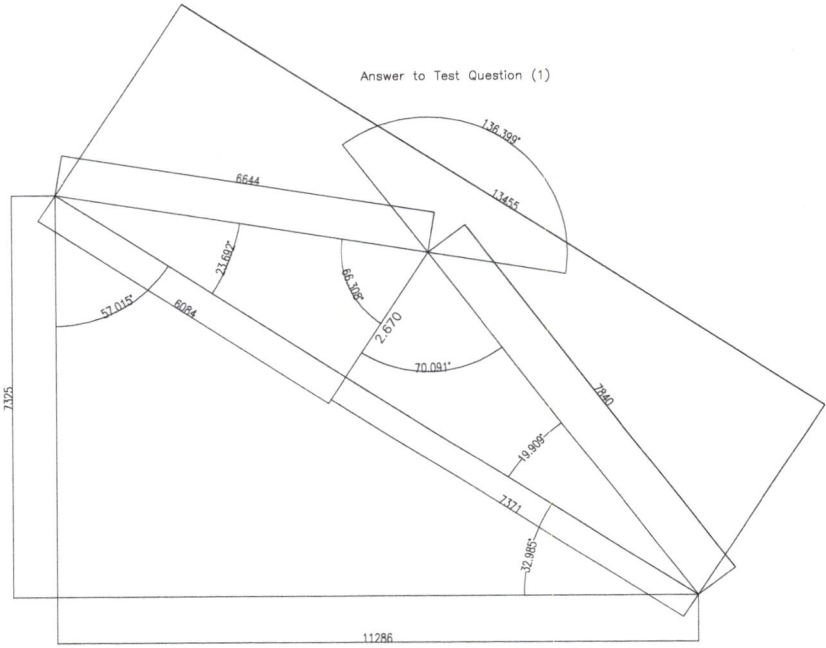

Answer to Test Question (1)

Answer to Test Question (2)

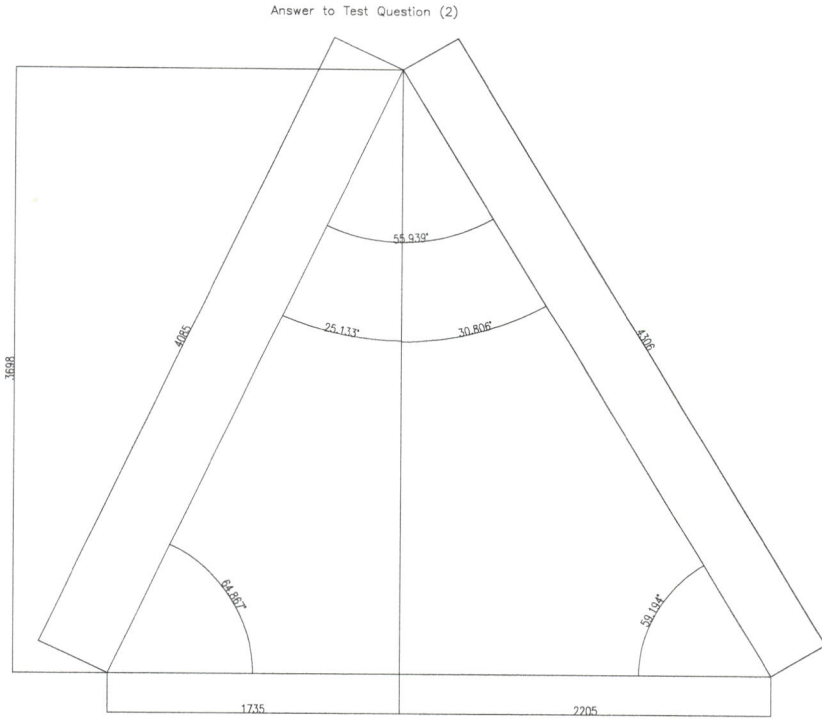

Answer to Test Question (2)

Answer to Test Question (3)

Answers to Test Question (3)

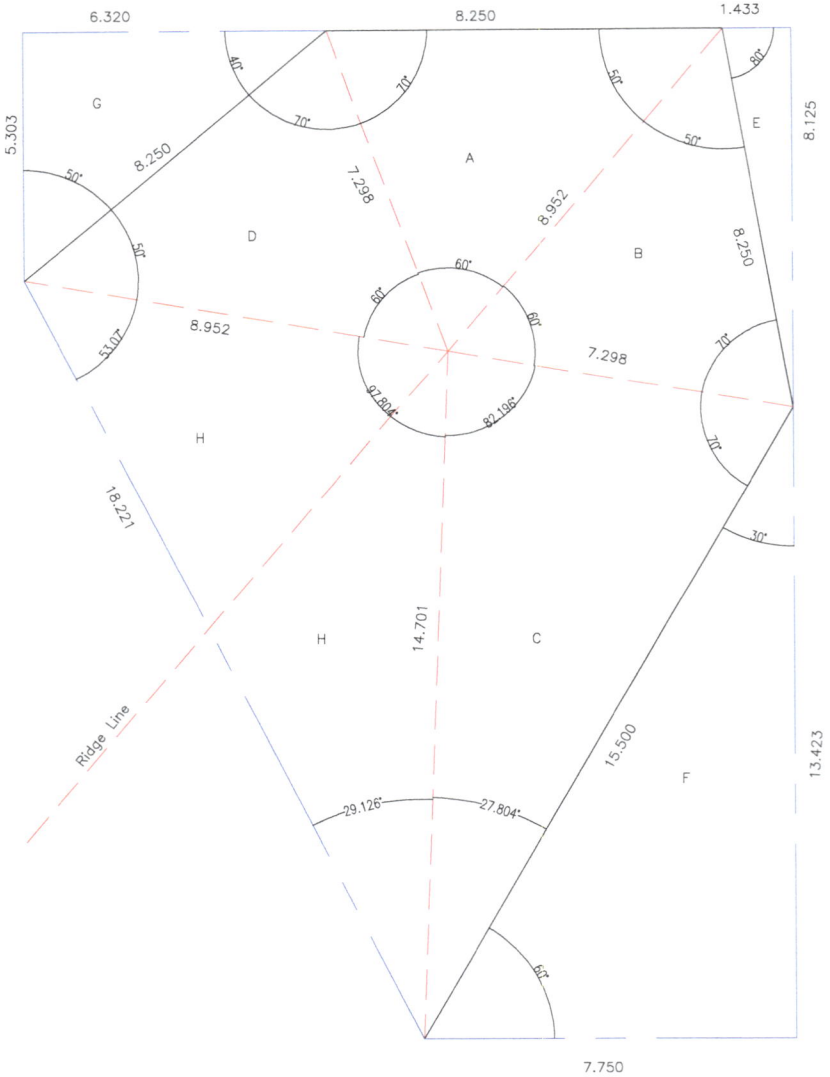

Answer to Test Question (4)

Answers to Test Question (4)

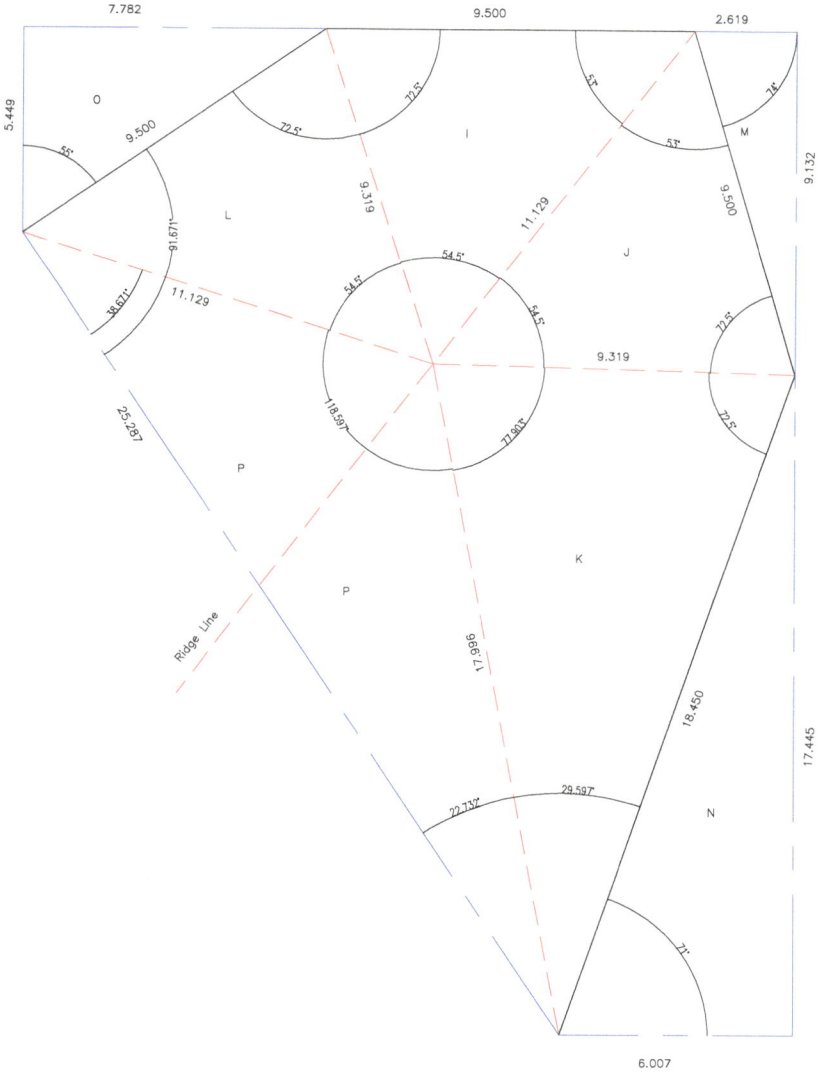

Answer to Test Question (5)

Answers to Test Question (5)

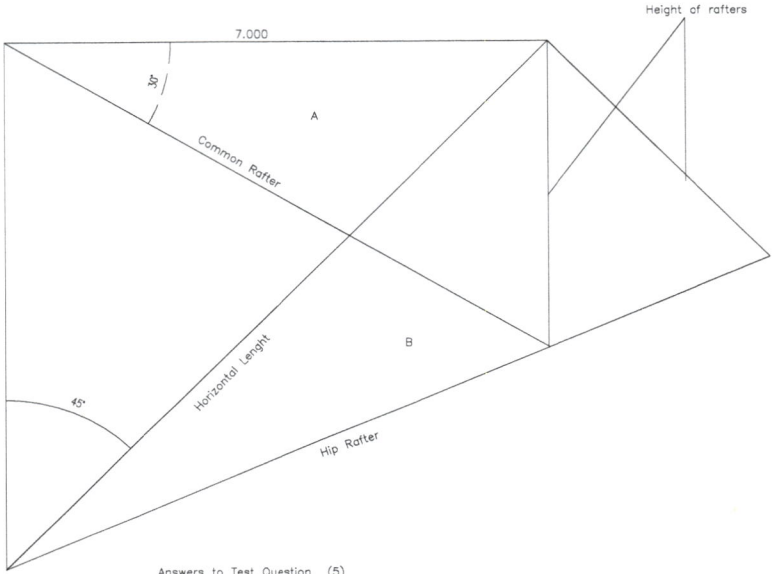

Height of rafters

7.000

30°

A

Common Rafter

Horizontal Lenght

B

45°

Hip Rafter

Answers to Test Question (5)

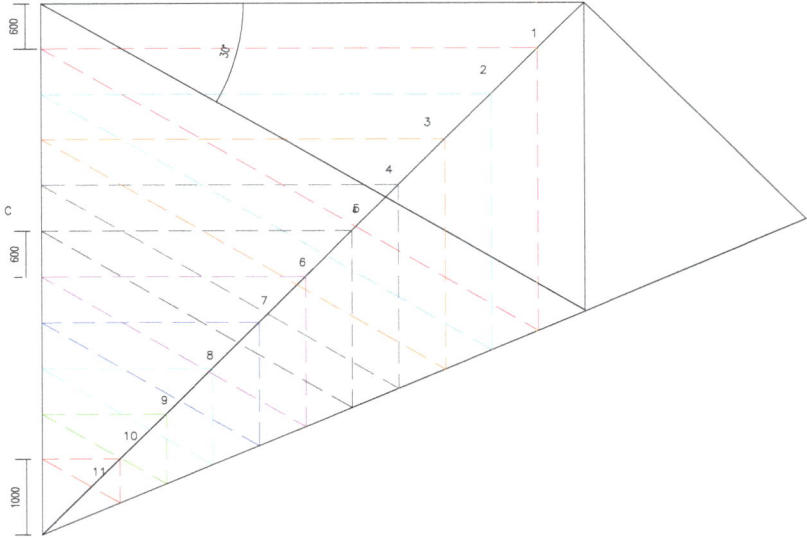

600

30°

1

2

3

4

5

C

600

6

7

8

9

10

1000

11

Answer to Test Question (5)

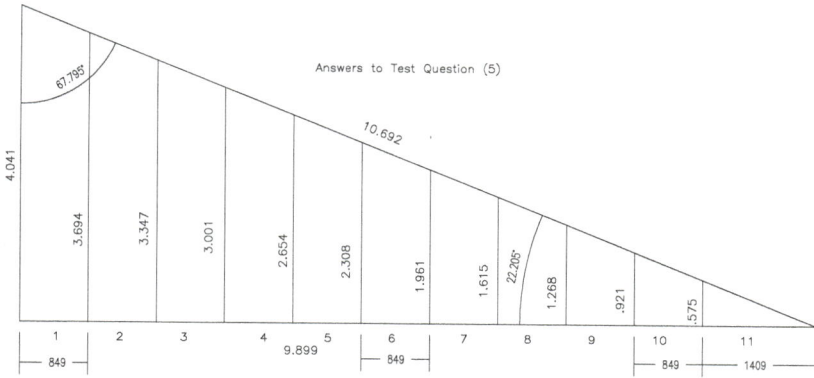

Answers to Test Question (5)

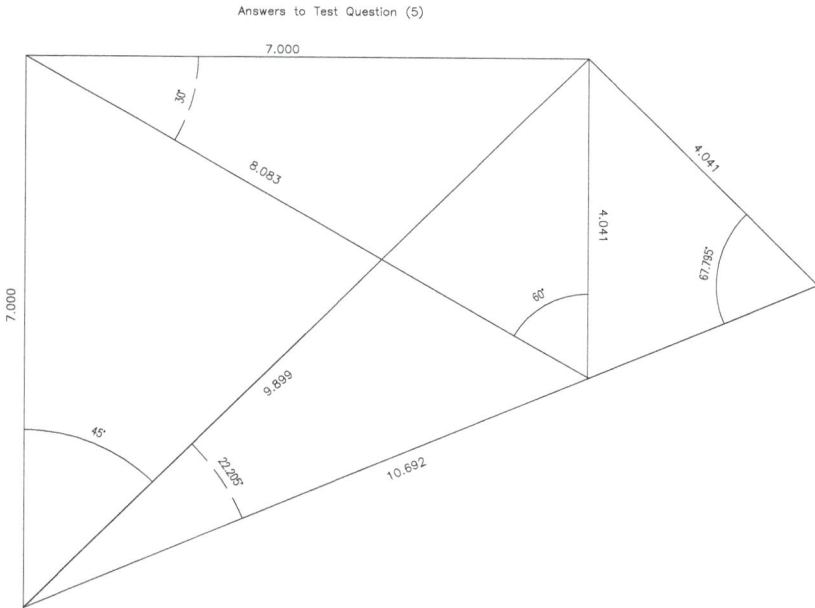

Answers to Test Question (5)

Answer to Test Question (5)

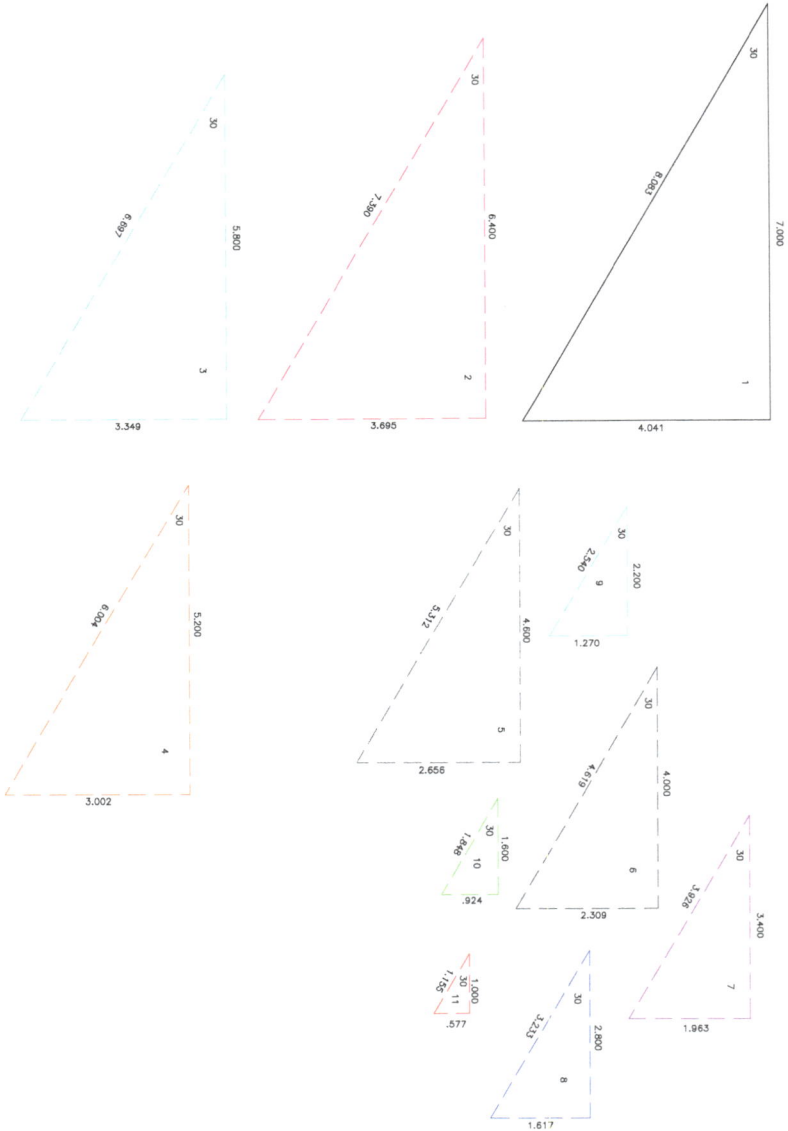

30 6.697 5.800 3 3.349

30 7.390 6.400 2 3.695

30 8.062 7.000 1 4.041

30 6.004 5.200 4 3.002

30 5.312 4.600 5 2.656

30 2.540 2.200 9 1.270

30 4.619 4.000 6 2.309

30 1.848 1.600 10 .924

30 1.155 1.000 11 .577

30 3.928 3.400 7 1.963

30 3.233 2.800 8 1.617

192

Answers to Test Question (5)

Test Questions to Answer (5)

Typical Example of dimensions

Not to Scale

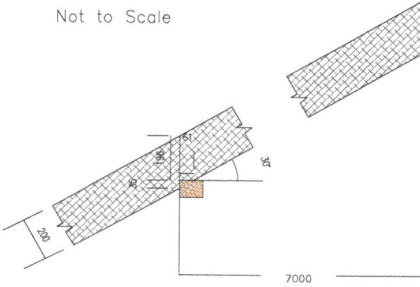

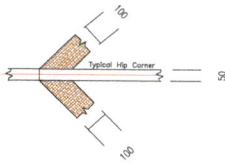

Typical Hip Corner

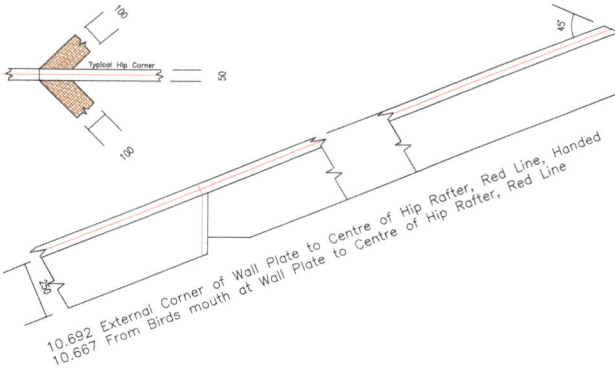

10.692 External Corner of Wall Plate to Centre of Hip Rafter, Red Line, Handed
10.667 From Birds mouth at Wall Plate to Centre of Hip Rafter, Red Line

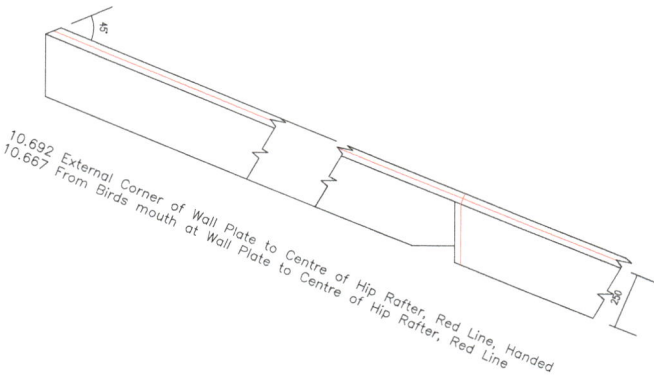

10.692 External Corner of Wall Plate to Centre of Hip Rafter, Red Line, Handed
10.667 From Birds mouth at Wall Plate to Centre of Hip Rafter, Red Line

Answers to Test Question (6)

Answers to Test question (6)

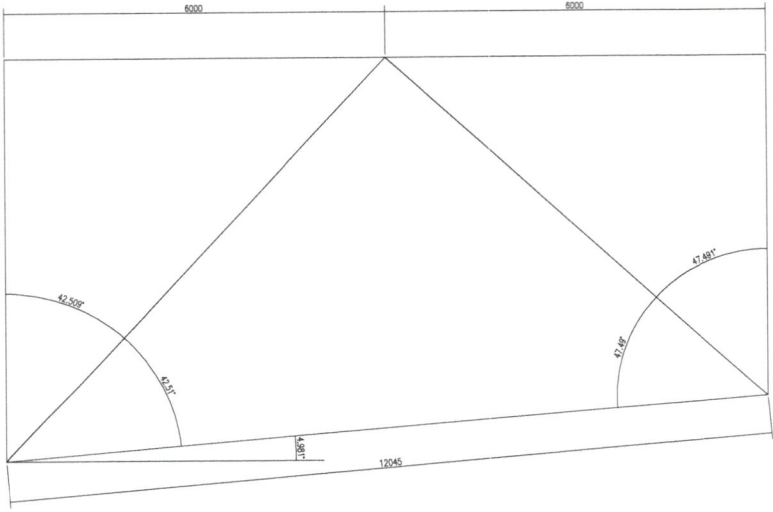

Answers to Test question (6)

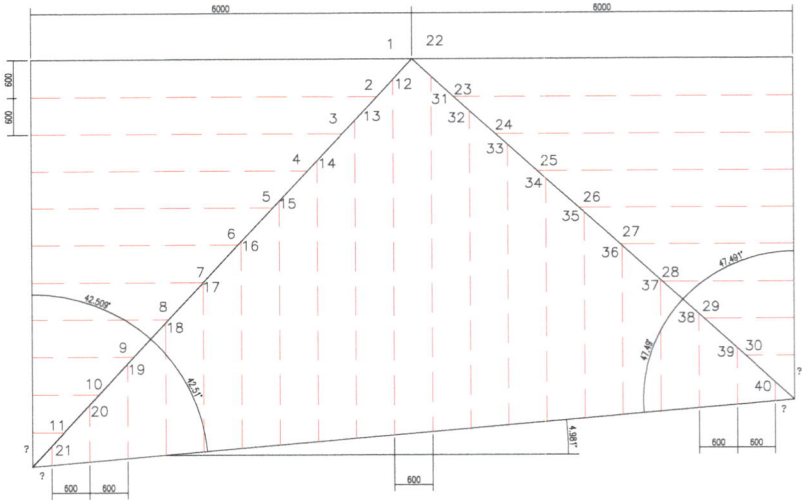

Answers to Test Question (6)

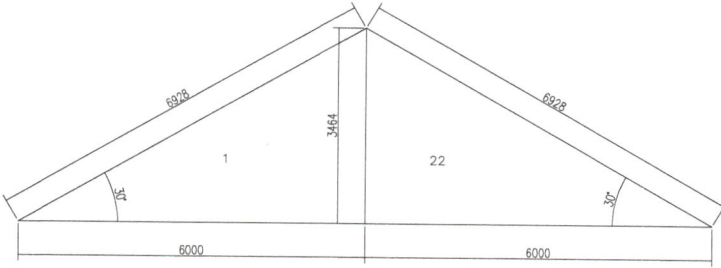

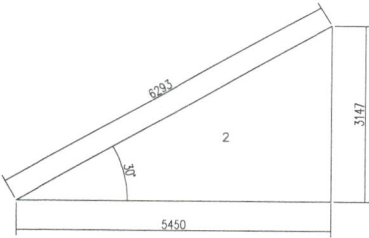

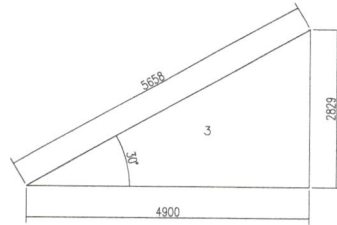

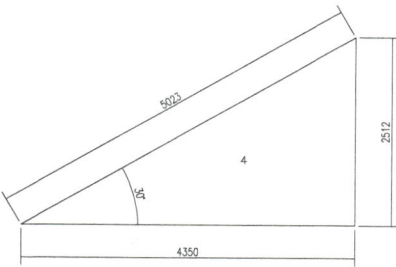

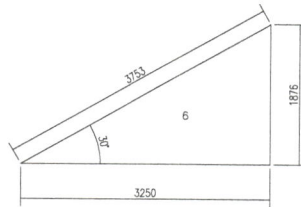

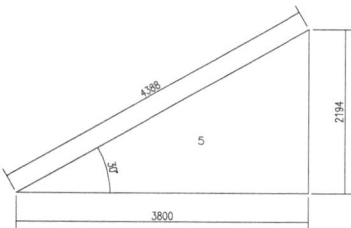

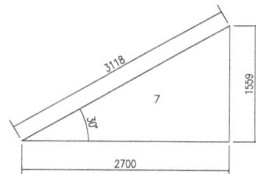

Answer to Test Question (6)

Answer to Test Question (6)

Answers to Test Question (6)

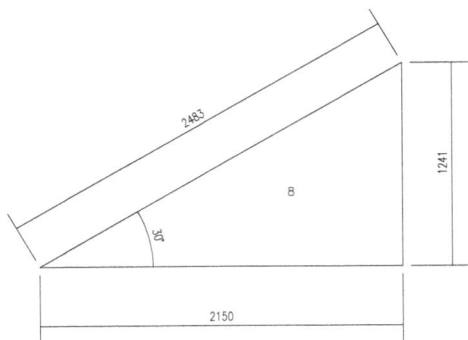

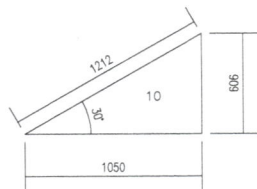

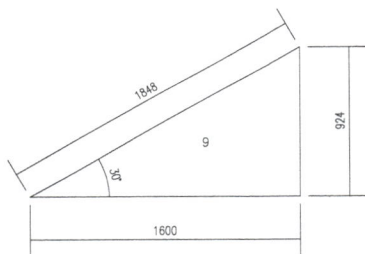

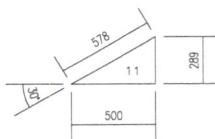

Answer to Test Question (6)

2483
1241
8
30°
2150

1212
606
10
30°
1050

1848
924
9
30°
1600

578
289
11
30°
500

Answers to Test Questions

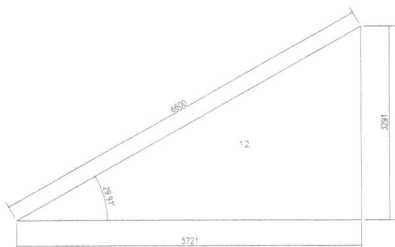

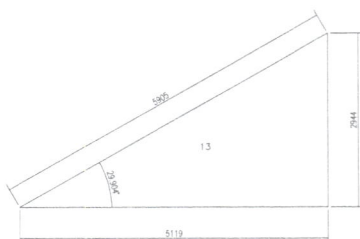

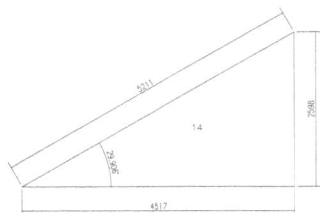

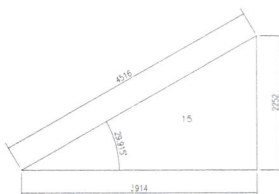

6800
3291
12
29.91°
5721

5800
2944
13
29.904°
5119

5211
2588
14
29.906°
4517

4516
2252
15
29.915°
3914

Answers to Test Question (6)

Answers to Test Question (6)

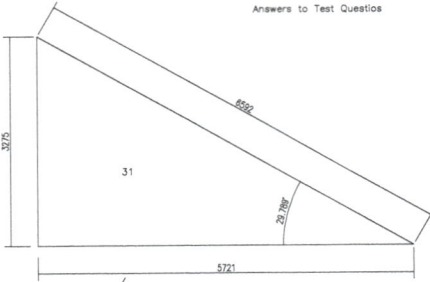

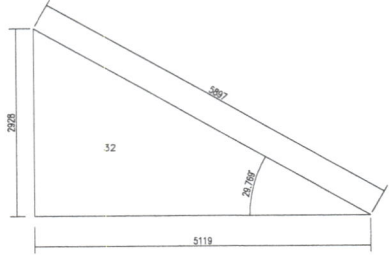

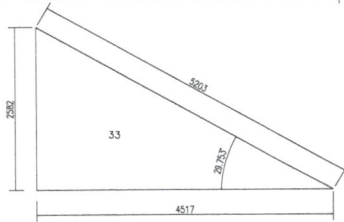

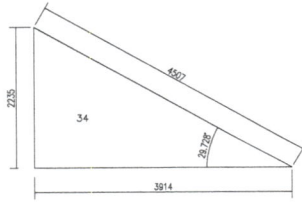

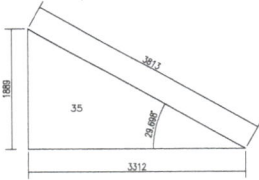

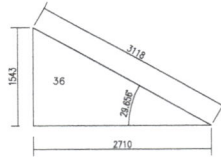

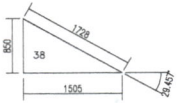

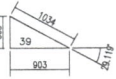

Answers to Test Questios

31 — 8592, 3275, 5721, 29.789°

32 — 5867, 2928, 5119, 29.789°

33 — 5203, 2582, 4517, 29.753°

34 — 4507, 2235, 3914, 29.728°

35 — 3812, 1888, 3312, 29.698°

36 — 3118, 1543, 2710, 29.656°

37 — 2424, 1196, 2108, 29.586°

38 — 1728, 850, 1505, 29.457°

39 — 1034, 503, 903, 29.119°

40 — 339, 157, 301, 27.546°

Answers to Test Question (6)

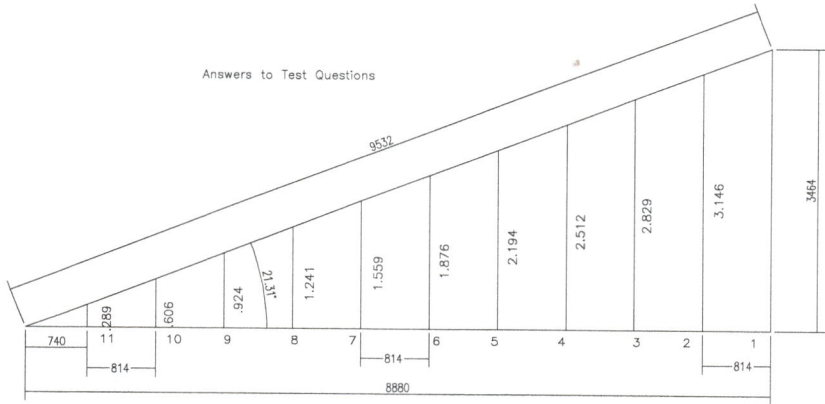

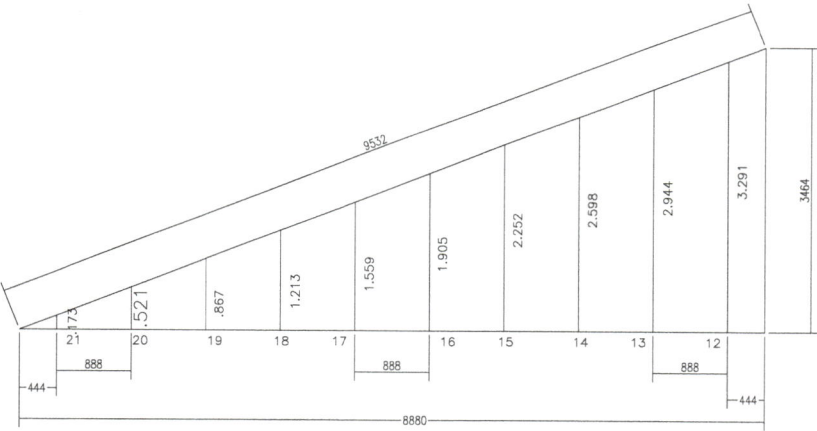

Answers to Test Questions

Answers to Test Question (6)

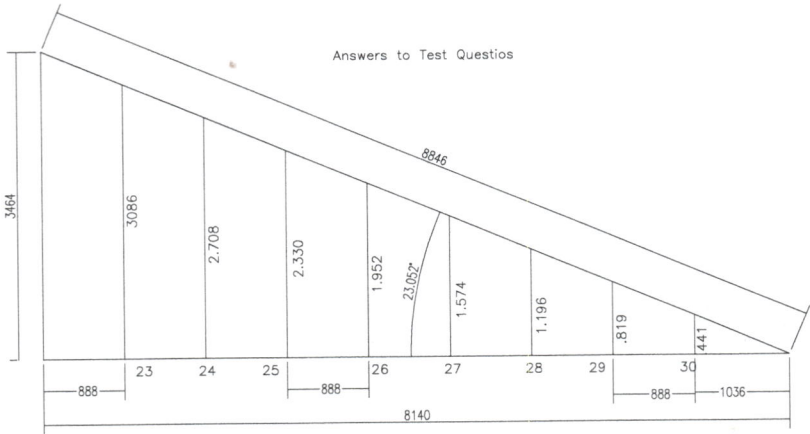

Answers to Test Questios

3464 | 3086 | 2.708 | 2.330 | 1.952 | 23.052 | 1.574 | 1.196 | .819 | 441 | 8846

888 | 23 | 24 | 25 | 888 | 26 | 27 | 28 | 29 | 30 | 888 | 1036

8140

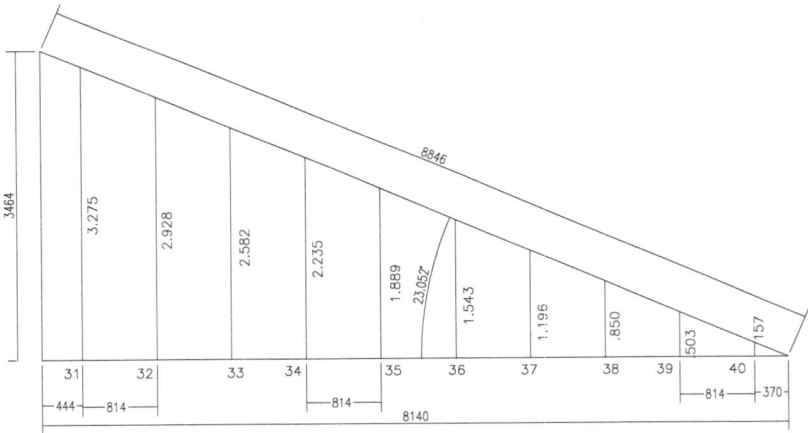

3464 | 3.275 | 2.928 | 2.582 | 2.235 | 1.889 | 23.057 | 1.543 | 1.196 | .850 | 503 | 157 | 8846

444 | 814 | 31 | 32 | 33 | 34 | 814 | 35 | 36 | 37 | 38 | 39 | 40 | 814 | 370

8140

200

Answer to Test Question (7)

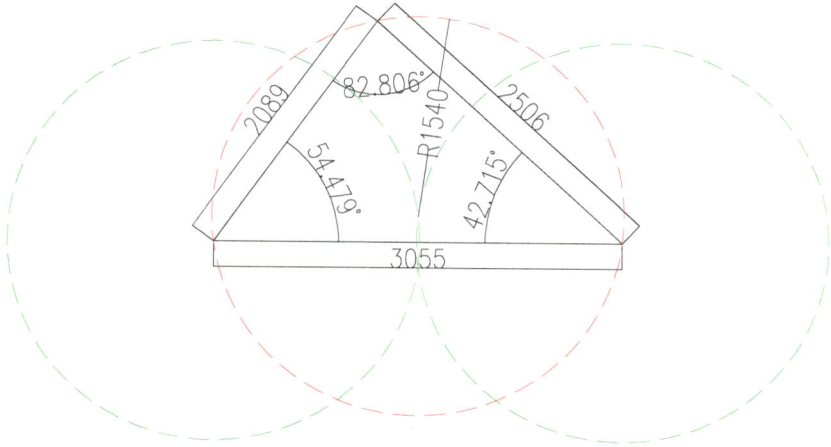

Answers to Test Question 7

Answer to Test Question (8)

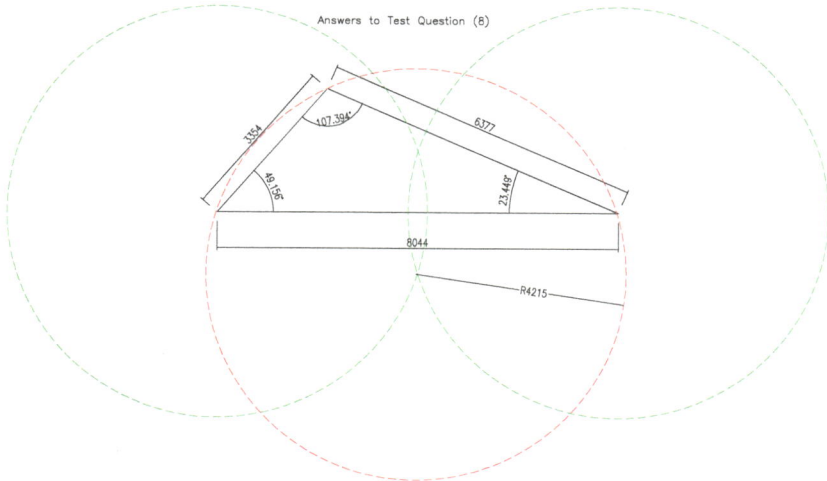

Answers to Test Question (8)

Answer to Test Question (9)

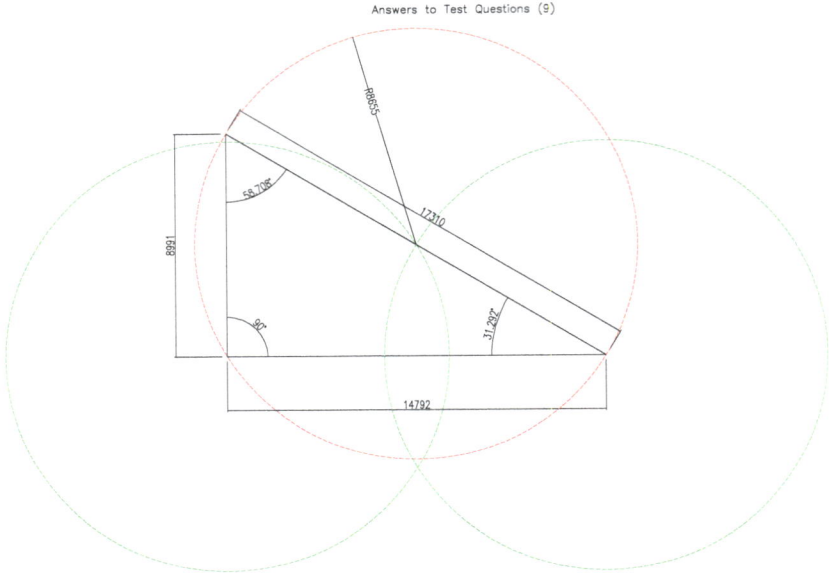

Answers to Test Questions (9)

R8655

17310

58.708°

8991

90°

31.292°

14792

Answer to Test Question (10)

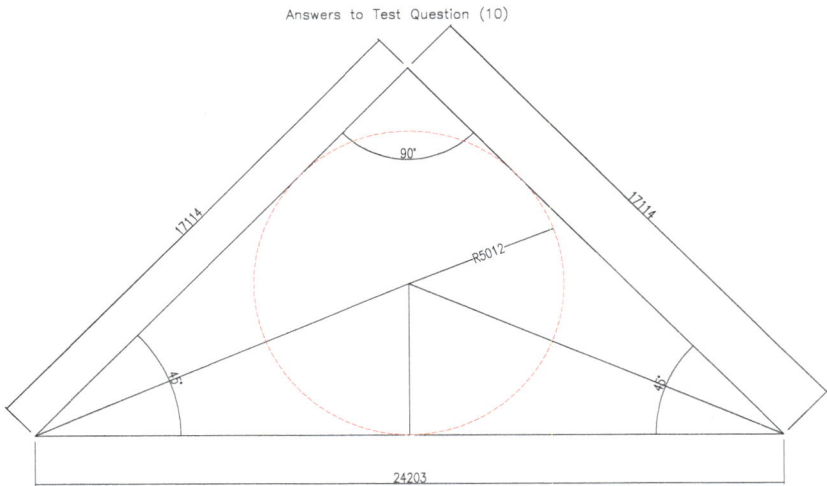

Answers to Test Question (10)

90°

17114

17114

R5012

45°

45°

24203

Answer to Test Question (11)

Answers to Test Question (11)

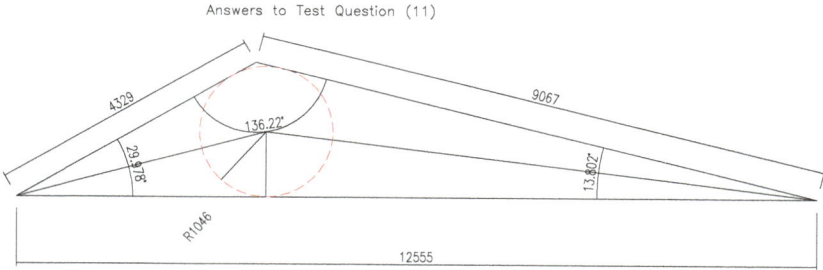

4329
9067
136.22°
29.978°
R1046
13.802°
12555

Answer to Test Question (12)

Answers to Test Question (12)

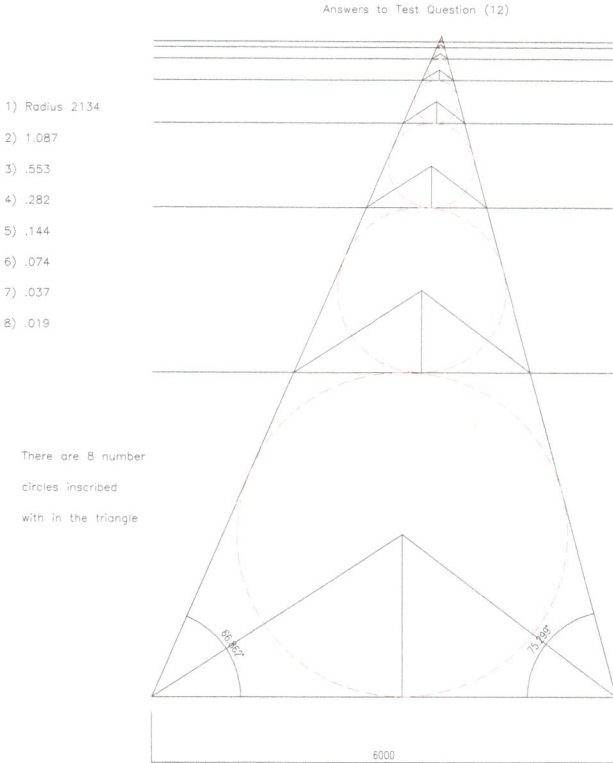

1) Radius 2134

2) 1.087

3) .553

4) .282

5) .144

6) .074

7) .037

8) .019

There are 8 number
circles inscribed
with in the triangle

66.807°
75.699°
6000

Answer to Test Question (13)

Answers to Test Question (13)

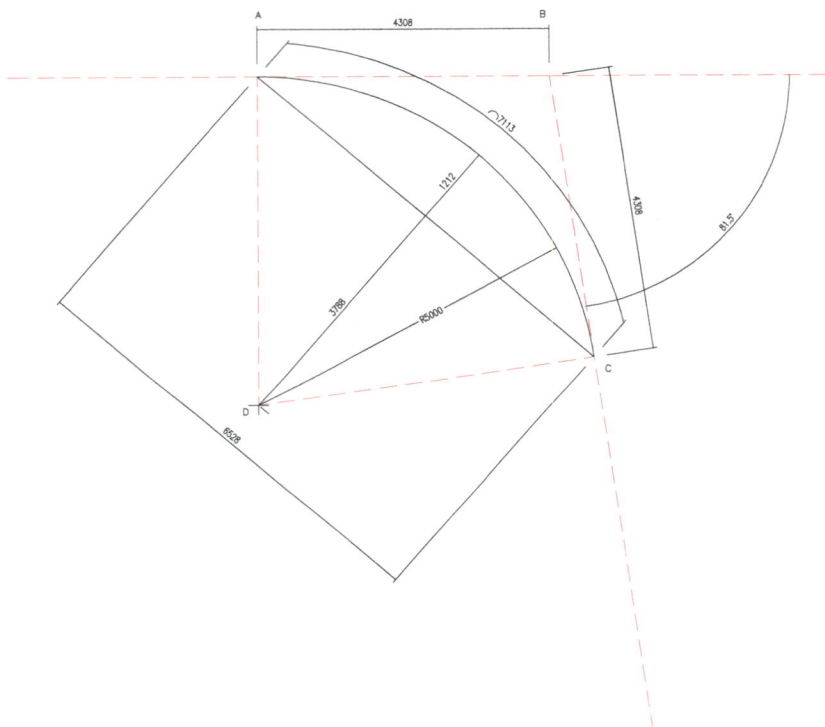

Answer to Test Question (14)

Answers to Test Question (14)

Answer to Test Question (15)

Answers to Test question (15)

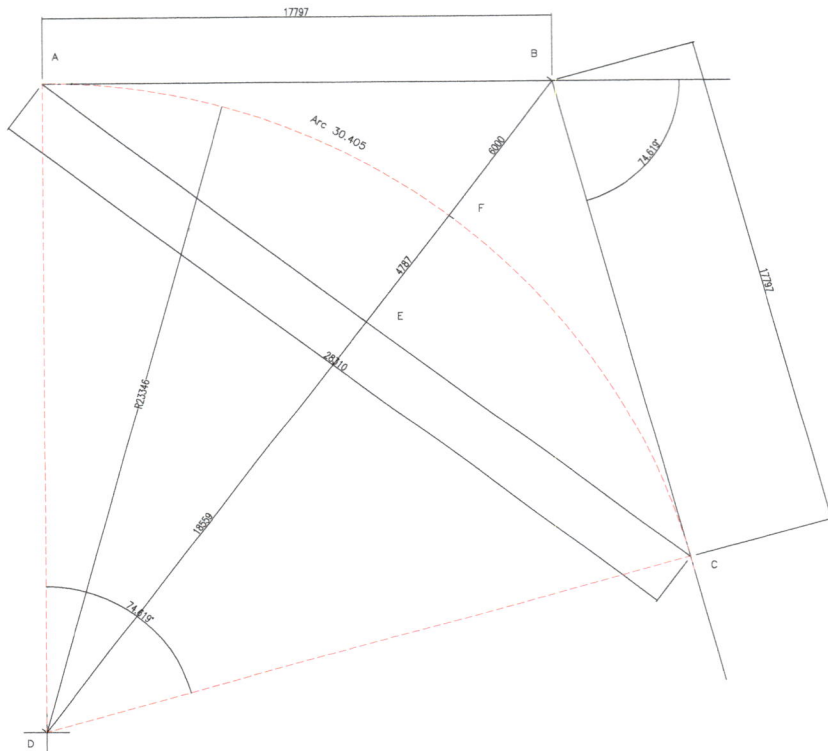

Answer to Test Question (16)

Answers to Test Question (16)

Answer to Test Question (17)

Answers to Test Questions (17)

Answer to Test Question (18)

Answers to Test Question (18)

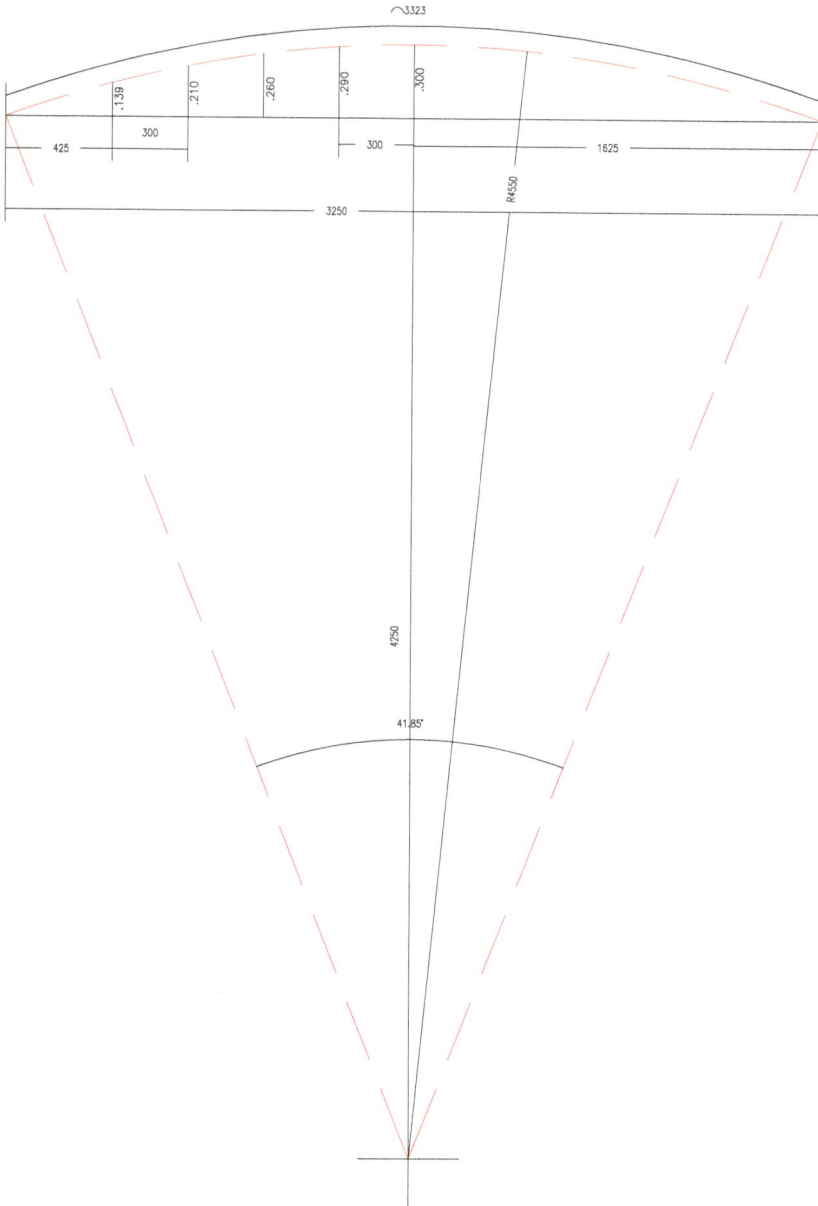

Answer to Test Question (19)

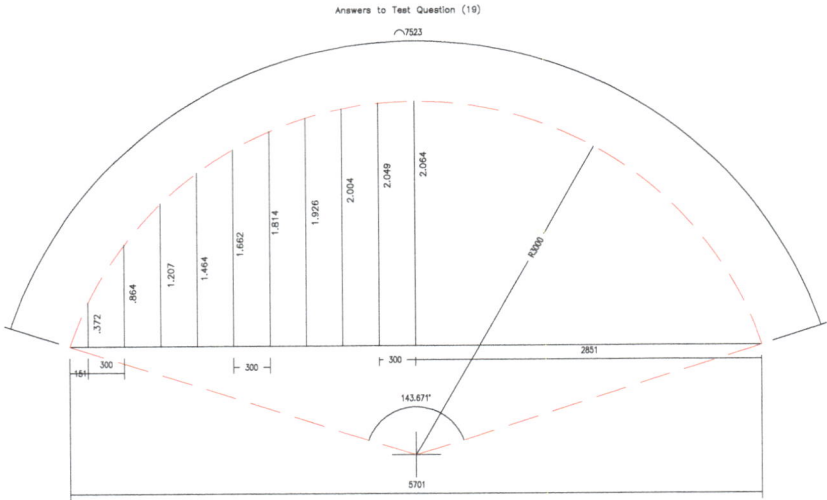

Answers to Test Question (19)

Answer to Test Question (20)

Answer to Test Question (20)

Answers to Test Question (20)

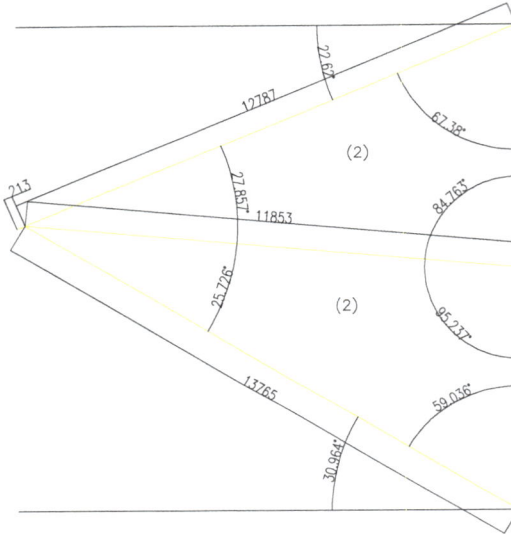

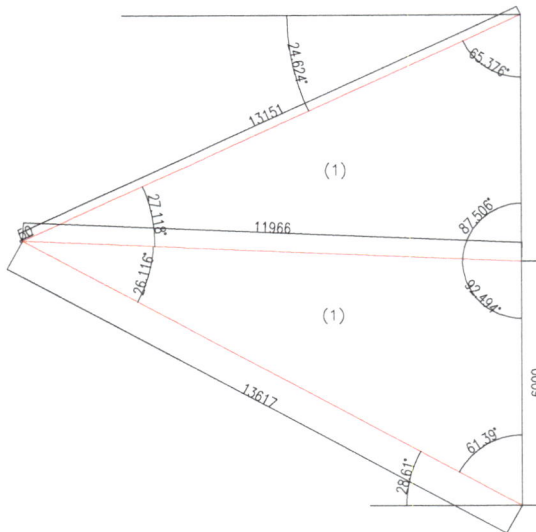

Answer to Test Question (20)

Answers to Test Question (20)

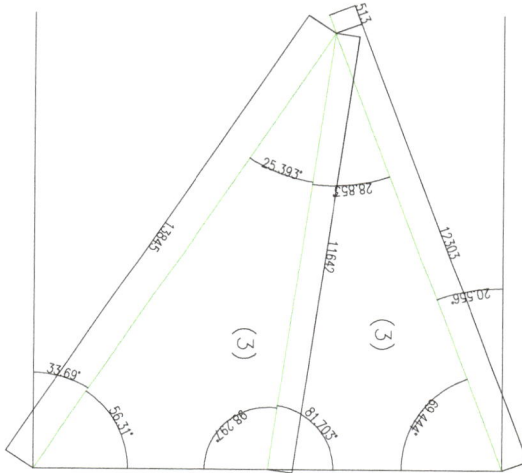

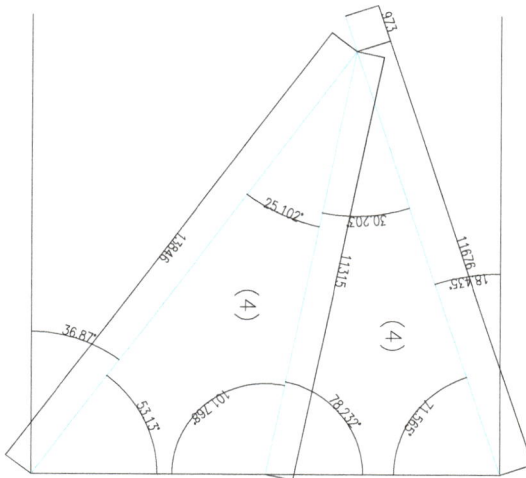

Answer to Test Question (20)

Answers to Test Question (20)

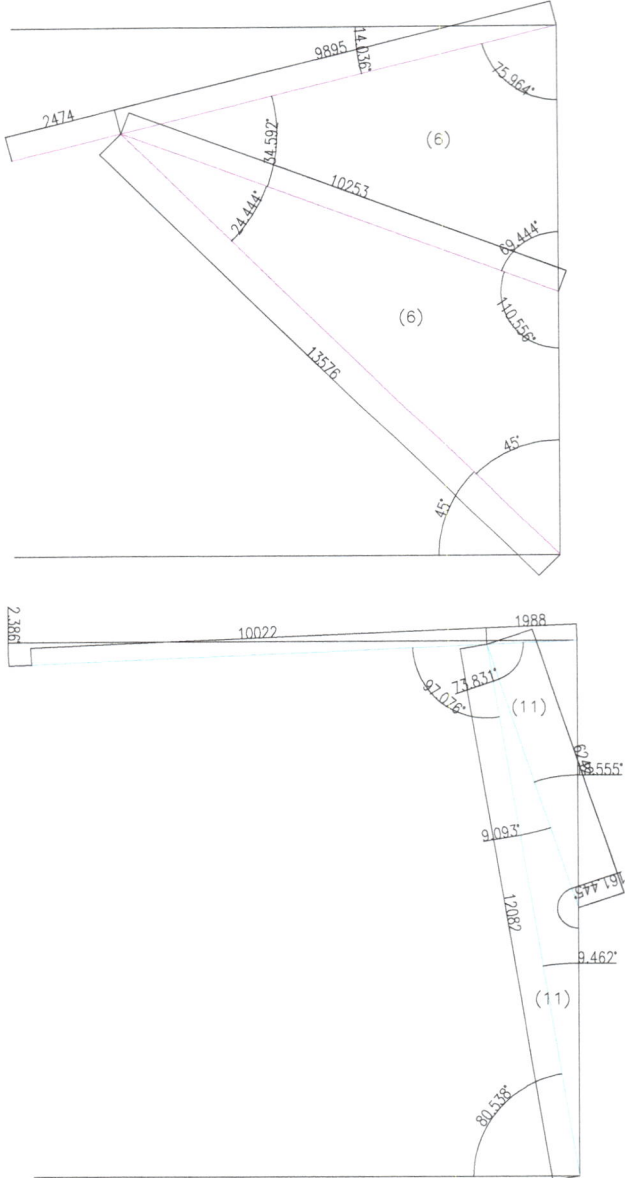

Answer to Test Question (20)

Answers to Test Question (20)

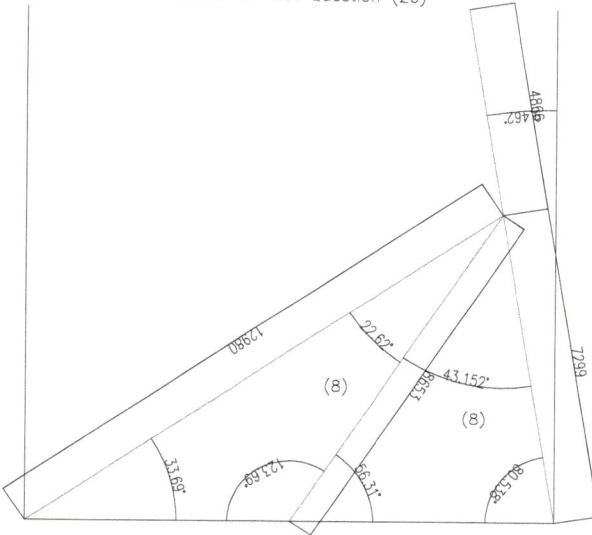

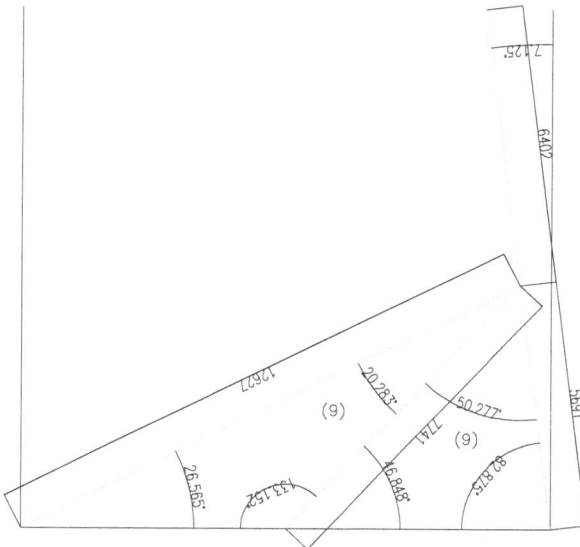

Answer to Test Question (20)

Answers to Test Question (20)

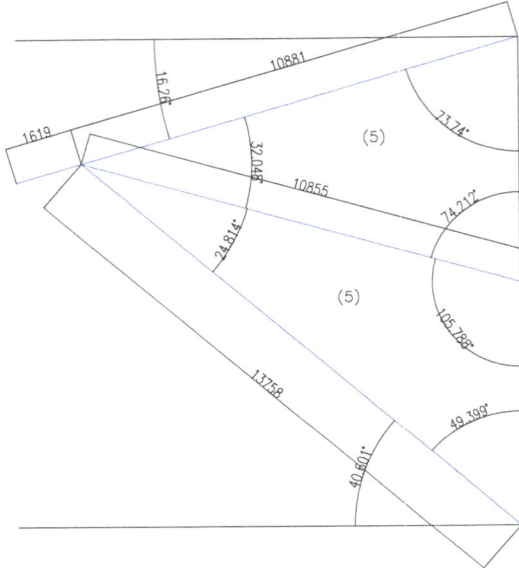

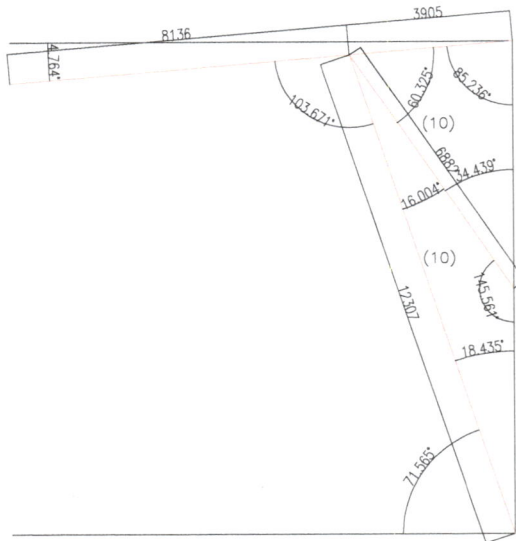

Answer to Test Question (20)

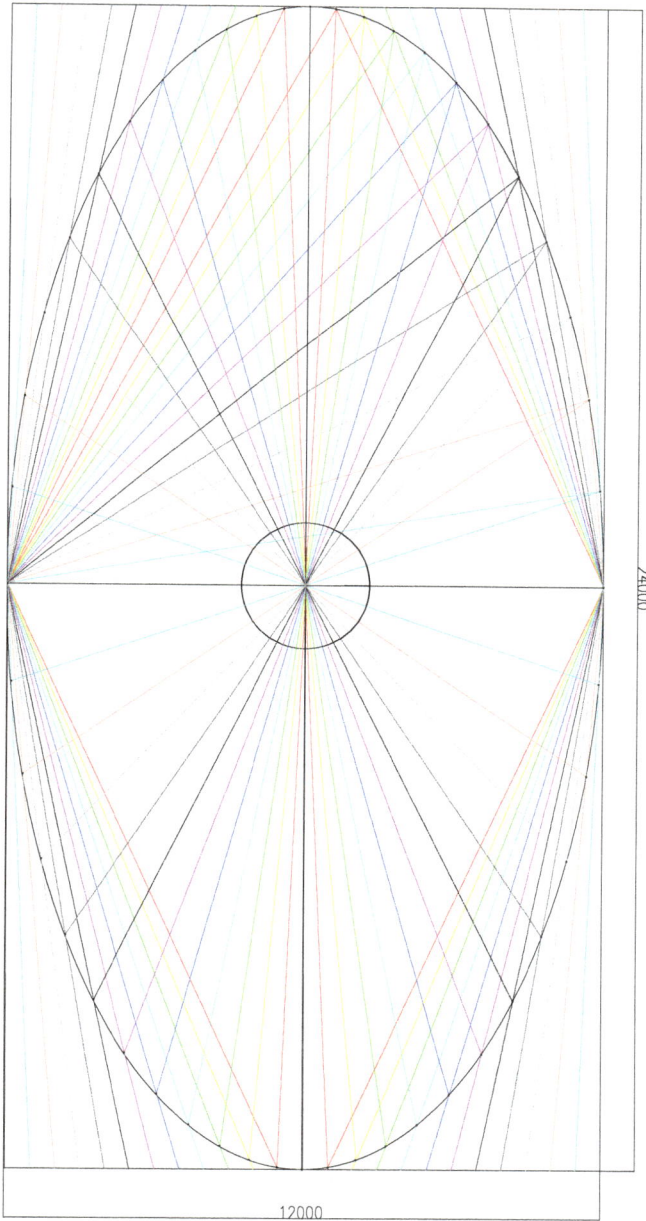

Answer to Test Question (21)

Answers to Test Question (21)

Segmental Arch

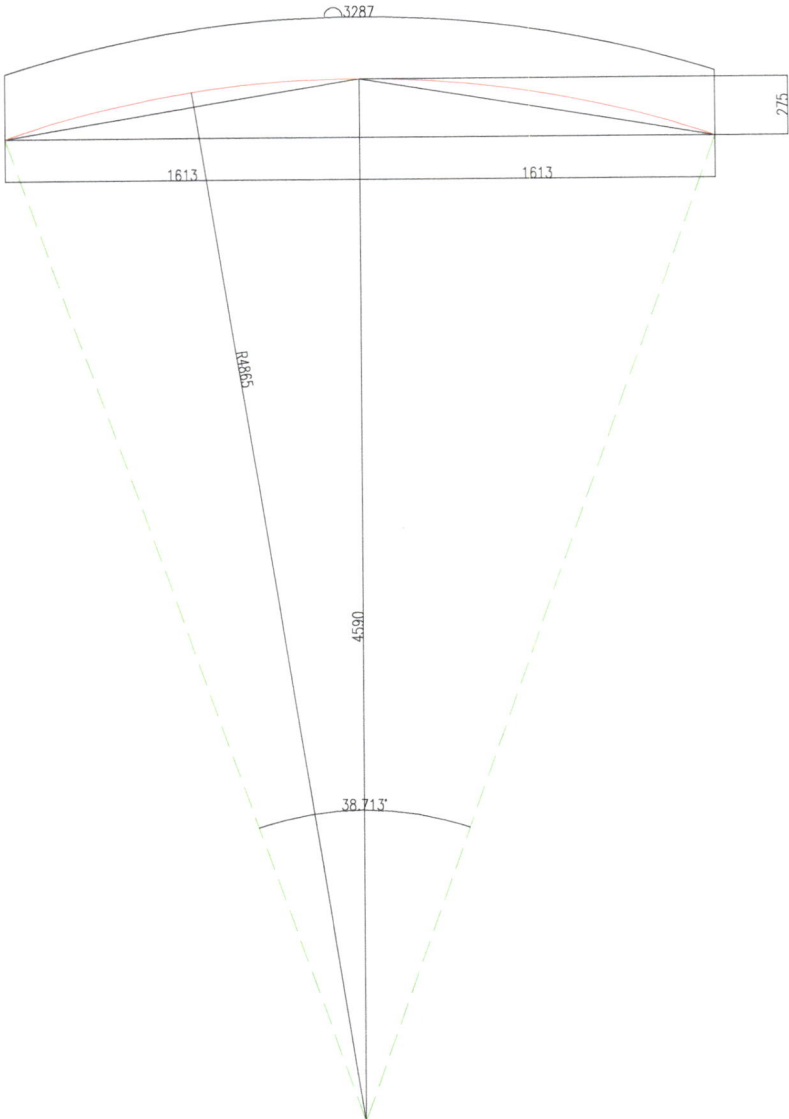

⌒3287

275

1613   1613

R4865

4590

38.713°

Answer to Test Question (22)

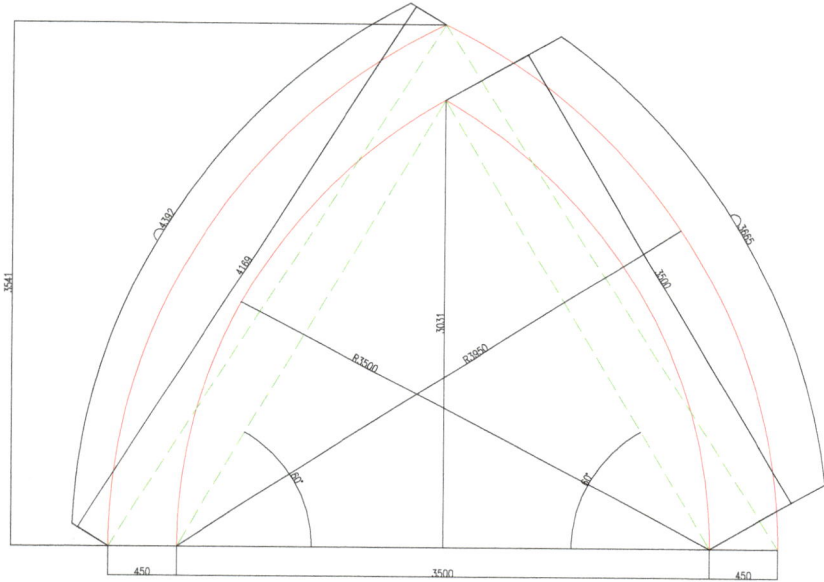

Answer to Test Question (22)

Equilateral Gothic Arch

Answer to Test Question (23)

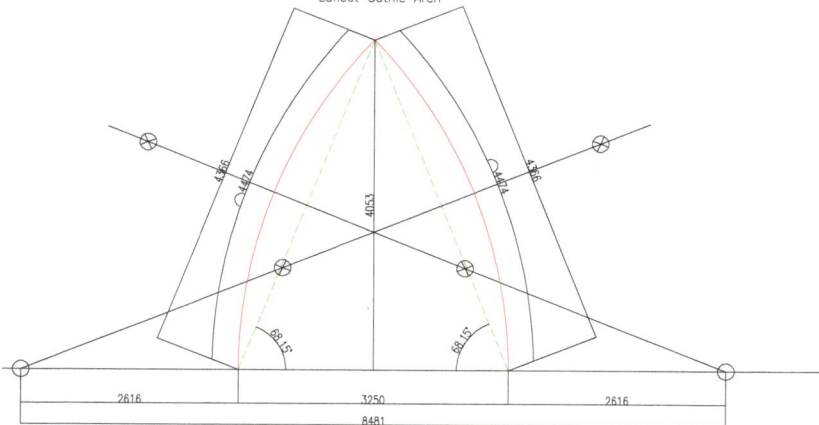

Answer to Test Question (23)

Lancet Gothic Arch

Answer to Test Question (24)

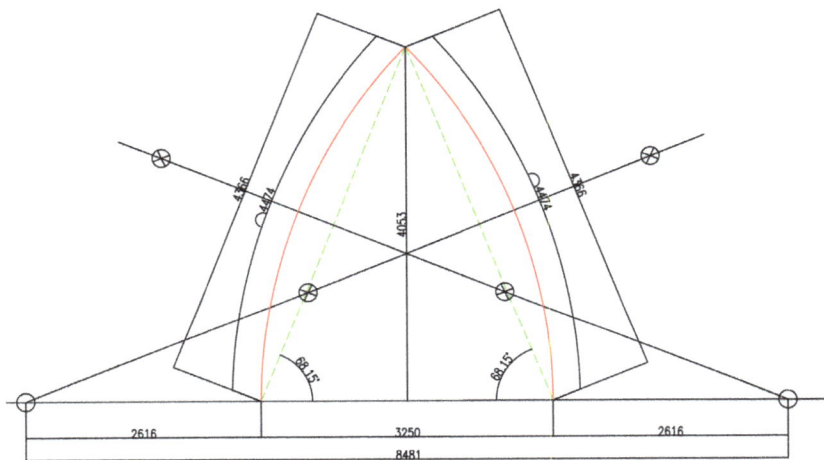

Answers to Test Questions
Lancet Gothic Arch

Answer to Test Question (25)

Semi Gothic Arch

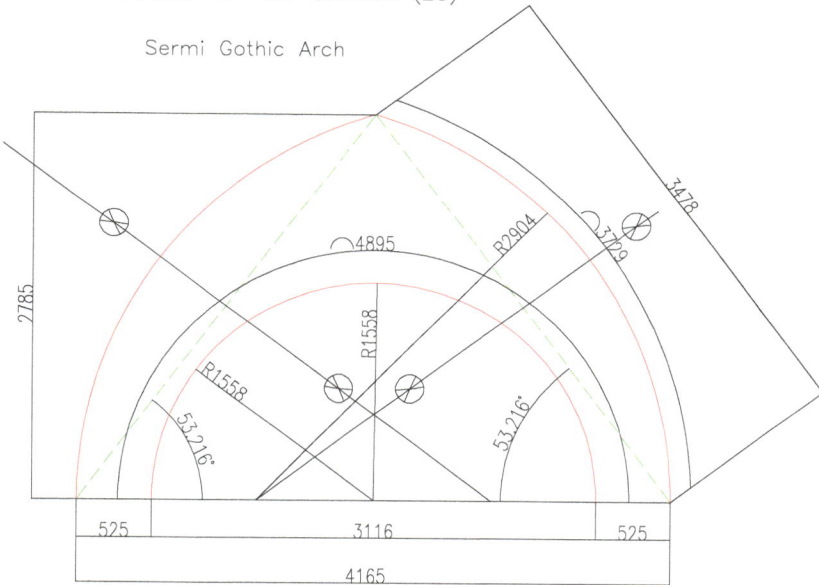

Answer to Test Question (25)

Sermi Gothic Arch

⌒4895
R2904
3729
3478
2785
R1558
R1558
53.216°
53.216°
525
3116
525
4165

Answer to Test Question (26)

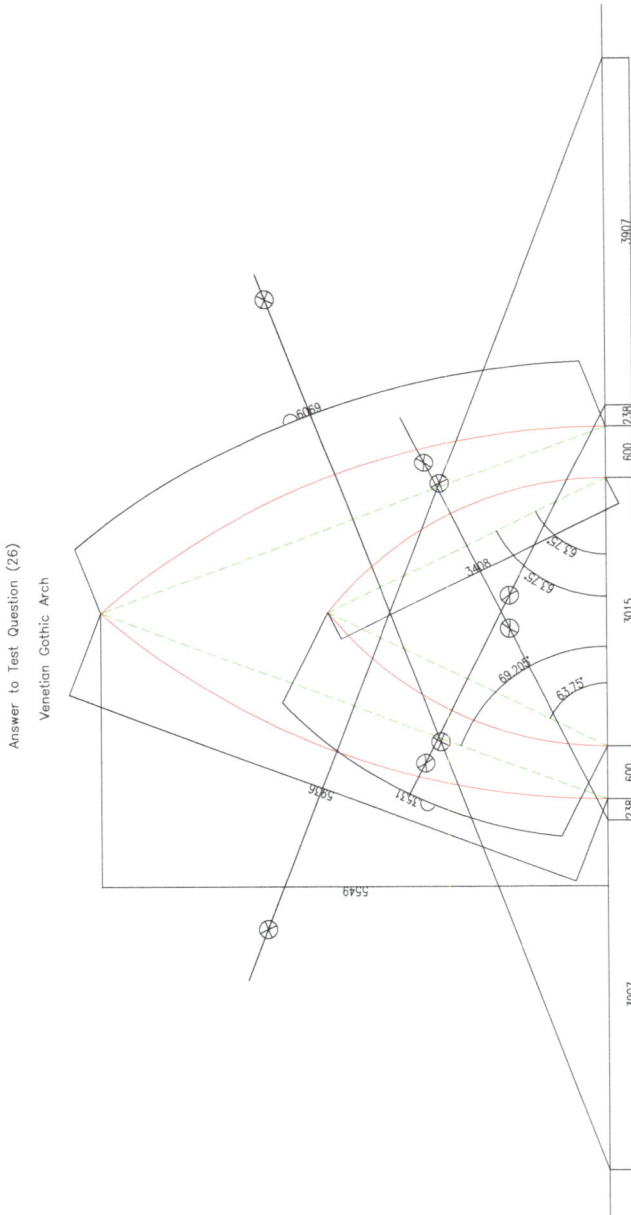

Answer to Test Question (26)
Venetian Gothic Arch

Answer to Test Question (27)

Semi Elliptical or three centred arches

Answer to Test Question (27)

Semi Elliptical or Three Centered Arch

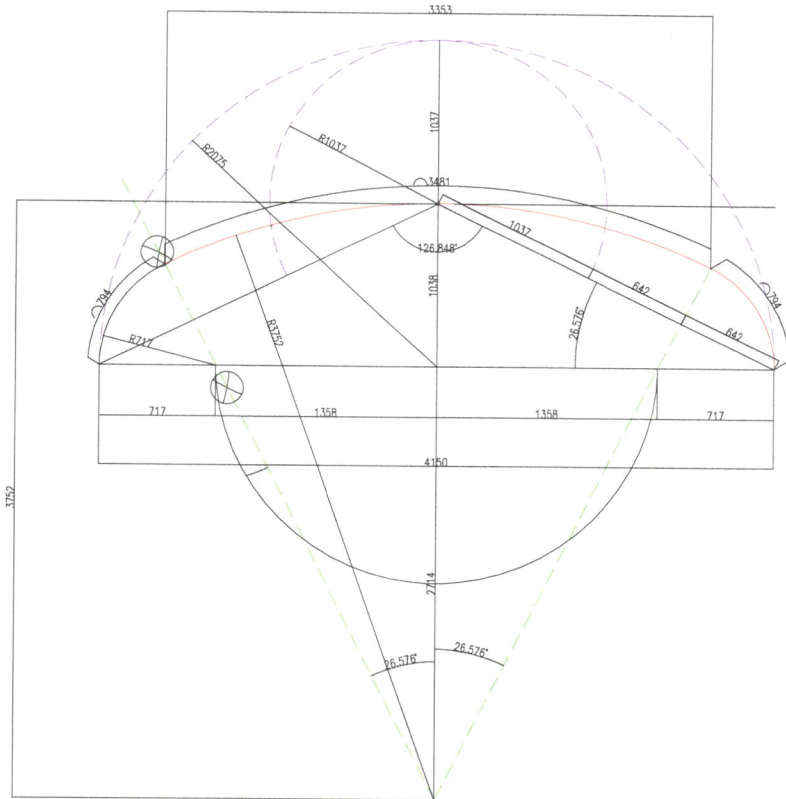

Answer to Test Question (28)

Elliptical Gothic or Tudor Arch Test Question 28